本书由中国极地研究中心资助出版

上海交通大学人文社会科学成果文库

黄庆桥 编著

雪龙探极

新中国极地事业发展史

上海交通大学出版社
SHANGHAI JIAO TONG UNIVERSITY PRESS

内容提要

本书以国家海洋局历年中国极地考察报告、中国极地研究中心历年统计报告以及档案资料等原始文献为依据，以极地考察工作者的日记、回忆录、亲历记等口述史资料为参考，以"党领导中国极地事业 40 年的发展历程与发展成就"为主题，系统梳理中国共产党领导极地事业从无到有、从有到大、从大到强的发展历程，全面总结中国极地科考事业取得的重大成就，深入阐释中国极地科考事业发展的历史经验和南极精神的丰富内涵与时代价值。

图书在版编目(CIP)数据

雪龙探极：新中国极地事业发展史 / 黄庆桥编著
. —上海：上海交通大学出版社,2021.7
ISBN 978 - 7 - 313 - 24949 - 4

Ⅰ. ①雪… Ⅱ. ①黄… Ⅲ. ①极地—科学事业史—中国 Ⅳ. ①P941.6

中国版本图书馆 CIP 数据核字(2021)第 087552 号

雪龙探极：新中国极地事业发展史
XUELONG TANJI：XINZHONGGUO JIDI SHIYE FAZHAN SHI

编　　　著：黄庆桥
出版发行：上海交通大学出版社　　　　　　地　　址：上海市番禺路 951 号
邮政编码：200030　　　　　　　　　　　　电　　话：021 - 64071208
印　　制：上海万卷印刷股份有限公司　　　经　　销：全国新华书店
开　　本：880 mm×1230 mm　1/32　　　　印　　张：11.875
字　　数：219 千字　　　　　　　　　　　　插　　页：4
版　　次：2021 年 7 月第 1 版　　　　　　　印　　次：2021 年 7 月第 1 次印刷
书　　号：ISBN 978 - 7 - 313 - 24949 - 4
定　　价：78.00 元

"雪龙2"号与北极熊的不解之缘

结束工作走回"雪龙"号

北极大丰收

雪中修路

成功回收"探索1000"自主水下机器人

拉斯曼丘陵四站站长聚会戴维斯站

飞行前的准备工作

和帝企鹅说再见

序

习近平总书记指出："极地科学考察，是人类探索自然奥秘、探求新的发展空间的重要领域，是一项功在当代、利在千秋的事业。"近年来，国际社会围绕极地、深海、外空、互联网等战略"新疆域"的合作与竞争日益深入，"新疆域"成为各国拓展发展空间、谋求竞争优势的重要阵地，也成为国际关系博弈的新舞台。随着中国国际地位的不断提升，中国政府对极地事业的重视和投入不断加大，在国际极地治理中的作用更加突出。

作为影响世界可持续发展和人类生存的新疆域，极地是全球变化的驱动器、全球气候变化的冷源、也是人类居住的地球与外星联系的重要窗口。极地是影响世界可持续发展和人类生存的新疆域，也是未来国际竞争的战略制高点。极地事业具有很强的综合性特征，涉及国家、区域、全球等多层级国际治理问题，涉及政治、经济、安全、科技、气候、环境、资源、海洋等多领域问题，考验着中国处理全球问题的领导能力和运筹能力。极地事业是海洋强国战略的重要组成部分，既是中国和平发展的时代需求，也是全球治理的世界潮流。

自 20 世纪 80 年代以来，党和国家便高度重视极地事业的发展。40年来，我国极地事业发展实现了从无到有的历史跨越，取得了巨大成就，一些科研成果已达到国际先进水平，极地事业发展前景广阔。新时代以来，"雪龙探极"重大工程正式启动，中国在极地治理上的责任将进一步加大，对极地考察工作提出了新的更高要求。如何保护利用好极地这一全人类的特殊资源，如何积极参与国际极地事务治理、阐述中国的极地立场和观点，如何建设一支相对稳定的极地科研队伍和有长远战略目标的极地科研项目，如何巩固中国在极地领域的既有优势地位，继续发展极地科学研究并提高极地装备技术等一系列中国极地事业战略性问题，都值得进行广泛而深入的思考与探索。

《雪龙探极：新中国极地事业发展史》较为全面地梳理了中国极地事业从无到有、从有到大、从大到强的发展历程，兼具严谨性与可读性，对普及极地科学知识，展示新中国极地事业发展辉煌历程和成就具有参考价值。回顾中国极地事业发展的历史，波澜壮阔，成就辉煌。相信在党和国家的领导下，中国极地事业必将取得更加举世瞩目的成就。

董兆乾

2021 年 6 月

前　言

深海、极地、外空、互联网被誉为是全球发展的新疆域。习近平总书记指出："要秉持和平、主权、普惠、共治原则，把深海、极地、外空、互联网等领域打造成各方合作的新疆域，而不是相互博弈的竞技场。"这一重要论断，深刻阐明了新疆域的重要性以及我国参与新疆域治理的立场和原则。

极地，是对地球南极地区和北极地区的统称。近年来，伴随着环境问题和能源资源紧缺问题的日渐突出，极地因其特殊的地理位置、独特的科学价值和丰富的资源禀赋，日益引起国际社会的强烈关注。作为负责任的全球大国，中国不仅有能力为保护和利用极地提供坚实的技术支撑，而且也有能力在极地治理中做出表率。党的十八大以来，党中央已将建设海洋强国、极地事业确定为面向未来发展的重大国家战略。"雪龙探极"等一批重大工程相继启动，极地事业蓬勃发展。

我国极地事业肇始于改革开放之初。1981 年，直属于国务院的国家南极考察委员会正式成立，标志着我国极地事业正式起步。40 年来，我国极地事业发展取得了巨大成就，极地事业发展前景广阔。但囿于多种原因，社会公众对极地事业的重要意义以及我国极地事业的发展成就缺乏深入了解，极地教育和极地科普资源较为匮乏，这与中国极地事业的巨大成就和蓬勃发展现状是极不相称的。因此，本书深入研究、展示我国极地事业的发展历程和伟大成就，深入阐释党领导下形成的伟大南极精神，具有十分重要的现实意义。

本书以国家海洋局历年中国极地考察报告、中国极地研究中心历年统计报告等原始文献为依据，以极地考察工作者的日记、回忆录、亲历记等口述史资料为参考，以"党领导中国极地事业40年的发展历程与发展成就"为主题，系统梳理中国极地事业从无到有、从有到大、从大到强的发展历程，全面总结中国共产党领导中国极地事业特别是极地科考事业取得的重大成就，深入阐释中国极地事业发展的历史经验和南极精神的丰富内涵与时代价值。

本书共由六章构成。第一章在前人研究的基础上，全面介绍南极、北极的基本情况特别是科学价值，阐明我国开展极地考察事业的历史背景和现实意义。第二章至第五章阐述改革开放以后中国极地事业的发展历程，因极地事业与国家战略和规划密不可分，故而本书以国家中长期规划及极地事业五年、十年规划为线索，每章大致阐述两个五年规划时期中国极地事业的发展。第六章总结历史，阐述中国极地事业发展的历史经验。

本书采取纵横结合的写作方式，以时间为经，以重大事件和重大成就为纬，力图反映我国极地事业发展的全貌。全书在内容的呈现上深入浅出，兼具学理性和可读性，从一个侧面反映了中国共产党百年历史、新中国史、改革开放史、社会主义发展史的光辉历程，是新时代开展爱国主义教育的生动读本。

感谢自然资源部中国极地研究中心对本书出版的大力支持，中心主任刘顺林先生给予笔者极大的鼓励，中心党委办公室主任刘科峰老师严谨细致，不厌其烦解答笔者的各种问题并提供帮助，钱浩、于津洲老师等也尽力协助。感谢我国极地科学研究领域专家学者的指导和帮助，专家们在审读书稿的过程中，给予许多宝贵修改建议，甚至亲自动手丰富、修改、深化书稿内容，这令笔者非常感动。感谢原中国极地研究所所长董兆乾先生为本书作序，董先生是中国极地事业的开拓者之一，热心奖掖后学，欣然答应为本书作序。感谢上海交通大学马克思主义学院科学史与科学文化研究院侯琨博士、张家明同学、兰妙苗同学等在本书写作过程中给予的协助。感谢上海交通大学出版社在本书出版过程中给予的大力支持。中国极地事业发展史波澜壮阔，成就辉煌，囿于资料获取利用的局限和笔者学识的不足，书中疏漏和错误之处难以避免，还有巨大的丰富和提升空间，有待未来不断深化。

目　录

第三章

完善布局：中国极地事业的开拓与深化 /105

第四章

攀登高峰：中国极地事业的壮大与跨越 /195

第五章

雪龙探极：迈向极地事业强国的新征途 /265

第六章

和平发展:中国极地事业发展的历史经验 /329

附录 /353

第一章

南极北极：
神秘的地球两极

南极和北极分别处在地球的南北两端，这里终年冰雪，环境极为恶劣严酷。南极被人们称为第七大陆，是地球上最后一个被发现，唯一没有人员定居的大陆。整个南极大陆被一个巨大的冰盖所覆盖，平均海拔为 2 350 米，是世界上最高的大陆。南极大陆四周有太平洋、大西洋、印度洋，形成一个围绕地球的巨大水圈，呈完全封闭状态，是一块远离其他大陆、与文明世界完全隔绝的神秘之地。北极指北纬 66°34′以北的区域。北冰洋是北极地区的主体部分，它是一片浩瀚的冰封海洋，周围是众多的岛屿以及北美洲和亚洲北部的沿海地区。北极是世界上人口最稀少的地区之一，但千百年以来，因纽特人在这里世代繁衍。北极的海洋资源丰富，亚洲及北美沿岸大陆架石油、天然气资源丰富。

第一节

南 极

在人们第一印象中，南极往往被描述为终年被茫茫冰雪所覆盖的那片神秘大陆。显然，这种认识是有局限的。事实上，人们通常说的南极（南极地区），是指地球南纬60°以南的区域，包括南极洲和南大洋。地理学意义上的南极为南地极和南磁极。南极洲包括南极大陆、陆缘冰及其周围岛屿，面积约为1 405.1万平方千米。南大洋则由太平洋、大西洋、印度洋在南纬60°的南端部分组成，被誉为世界第五大洋。上述这些区域是《南极条约》（The Antarctic Treaty）生效的国际公认区域。根据《当代中国的南极考察事业》等已有研究著述，现就南极概况做如下介绍。

一、南极洲

南极洲是南纬60°以南的大陆、陆缘冰和岛屿的总称。其中岛屿面积为7.6万平方千米，大陆面积为1 239.3万平方千米，陆缘冰面积为 158.2 万平方千米，总面积约为 1 405.1 万平方千米，约占世界陆地总面积 9.4%。显然，南极大陆是南极洲的主体。

南极大陆是地球最南端凸起的一块大陆，也称为地球的底部，整个大陆直径约为 4 500 千米，它的海岸线大致呈圆形，但由于罗斯海（Ross Sea）和威德尔海（Weddell Sea）这两个深入南极大陆海湾的出现，使圆形受到破坏，呈 S 形弯曲的南极半岛延伸 1 400 千米。通常，在地质和地理上把南极洲分为东南极洲和西南极洲两部分，分别简称为东南极和西南极。其界限是根据格林尼治 0°～180° 子午线给定的，在东南极与西南极之间，贯穿着呈东南—西北走向的横贯南极山脉。[①]

南极大陆平均海拔高度为 2 350 米，是世界各大洲中平均海拔高度最高的大陆。南极大陆也是世界上最干燥的大陆，有"白色沙漠"之称，其年均降雪量为 12 厘米。在中央高原，年均降雪量只有 5 厘米，比撒哈拉沙漠稍微多一点。自中央高原向大陆边缘，年均降雪量逐渐增加。尽管如此，由于南极大陆属极寒之地，天降冰雪难以融化，因此南极大陆约 98% 的陆地表面常年被冰雪覆盖，冰层的平均厚度为 2 000 米，最厚达 4 750 米。冰雪总储量超过 3 000 万立方千米，占全球现代冰被面积的 80% 以上，是全球淡

---

① 武衡，钱志宏.当代中国的南极考察事业［M］.北京：当代中国出版社，1994：1-3.

水总储量的 72%。如果南极冰盖全部融化，全球平均海平面将升高 60 米，约 2 200 万平方千米的地球陆地面积将被海水吞没，一些沿海大城市如美国纽约、日本东京和我国上海、广州、天津等都将成为水城。

冰雪虽是固体物质，但由于日积月累，长时间受力，因此产生变形，从南极大陆中心顺着谷地向低处流动，形成许多大小不同的冰川伸向海洋。南极海岸多为岩石悬崖，冰川前沿崩裂入海，形成不计其数、形态各异、体积悬殊的冰山；冰川前沿在平缓的南极海岸入海时，会持续向海洋中延伸，浮在海面上，形成冰架。每当南极夏季来临，气温升高，从冰架的边缘分离出南极洲特有的平台冰山，其厚度可达 200 米以上，长度可达几百米到几十千米甚至数百千米，颇为壮观。

南极的雪原并不像积雪一样平坦，雪原的表层雪被风刮削后，会呈现剧烈的凹凸形状。风速愈大的地方，凹凸形状发育得愈快，向着主风向延伸，久而久之就会形成雪脊。通过雪脊的方向可以判断出该地风的主方向，因此在南极内陆行驶时，可把雪脊的方向描绘在地图上，从而描绘出风向的流线。描绘出的大陆风图像是以东南极海拔高度 3 000 米以上的地区为中心向沿岸方向吹。[1]

南极大陆最可怕的天气现象是风暴、暴风雪，其风速

① 陈立奇，刘书燕. 南极小百科 [M]. 2 版. 北京: 海洋出版社, 2019: 28 - 29.

大，风力猛。南极素有"世界风极"之称。南极地面一般盛行东南风，离地面1 000米以上的高空吹西北风。在内陆地区，由于强烈的辐射冷却，近地层的冷空气大量堆积，在重力和气压梯度力的作用下，冷空气团就像无形的瀑布沿陡直的冰坡急速冲向沿岸地带，形成了南极下降风。[①] 南极下降风有着突然刮起、突然中止、风速大、风向大体一致的特征。

1912年，道格拉斯·莫森率领的澳大利亚南极考察队在丹尼森海峡附近越冬，进行气象观测，测得该地的月平均风速最大为24.9米/秒，日平均风速最大为36米/秒，瞬时最大风速超过100米/秒，这也是人类有史以来测得的最大风速。法国南极考察队在1949年也对该地的气象状况进行调查，记录的月平均风速最大为29米/秒。两队的考察结果显示，该地是地球上风速最大的地区。[②]

由于南极洲处于高纬度地区，太阳向南运行轨迹最南至南回归线（南纬23°26′），南极大陆表面绝大部分常年被冰雪覆盖，太阳光能被冰雪面反射到空中而受很大损失，因此形成了南极亿万年极端寒冷的气候。南极洲年平均气温为-28℃左右，从沿海向内陆，气温逐渐降低，大陆内部年平均气温为-60～-40℃。1983年，在苏联南极内陆高原

① 卞林根.南极气候简介（上）[J].气象，1984（3）：15-16.
② 陈立奇，刘书燕.南极小百科 [M].2版.北京：海洋出版社，2019：24-25.

站——东方站，记录到-89.2℃，这是地球表面有史以来的最低气温。[①]

地球自转和公转轨道面之间的夹角为 23°26′，地球上 66°34′（即距南北极各 23°26′）的纬线称为极圈（在北极的称为北极圈，在南极的称为南极圈）。在南极圈以内的地区，明显地分为冬、夏两个季节。冬季出现连续的黑夜，而夏季则出现连续的白昼，其连续黑夜及连续白昼时间的长短与极圈内的纬度高低相一致，在南极圈上，持续时间最短，各为一天，而在南极极点的持续时间最长，各为半年。

二、南大洋

通常认为，世界有四大洋，即太平洋、大西洋、印度洋、北冰洋。但近些年，这一观念已经改变，2000 年，国际水文地理组织确定并定义了第五大洋——南大洋（亦称南极洋）。南大洋由太平洋、大西洋、印度洋在南纬 60°以南部分组成，其北缘，现在比较公认的是以有海洋特征的南极辐合带为界。这条辐合带是由南向北流动、温度和盐度较低的南极表层水与来自温带海区向南流动、温度和盐度较高的表层水相遇并产生混合，在南纬 48°~62°之间的区域内形成一条环绕南极大陆的海流、水温、盐度及生物的跃变地带。这条辐合带既是南大洋与太平

---

① 颜其德.南极奇观 [J].地理教育，1993（2）：1-3.

洋、大西洋、印度洋的分界线，也是造就南大洋独特海洋特征的原因所在。

南大洋是没有东、西海岸的大洋，总面积约为3 800万平方千米，约占地球海洋面积的1/10。南大洋上漂浮着20多万座千姿百态、大小不一的冰山，可谓大自然雕琢的神奇景观。南大洋有着尤其特殊的大陆架和海底构造：南极大陆周边的大陆架普遍发育不好，大陆架坡度变化很大，由海岸向海延伸数百米远，水深可达几百米。此外，南大洋还有着不同于其他海洋的物理、化学、生物和气候与环境特征。尤其在南大洋中存在两种明显的海流：一种为南极沿岸流，大致位于南纬65°偏南，受偏东风驱动，海流沿南极大陆沿岸由东向西流动；另一种为南极绕极流，位于南纬65°以北，在终年强劲西风作用下，环绕南极大陆由西向东流动，流速一般为每天7~8海里（1海里=1.852千米），最大流速可达13海里。两种海流环绕整个南极洲，使其成为与世隔绝的"孤洲"。①

在南极的冬季，南大洋的海冰面积可达2 000万平方千米，完全封住整个大陆并向外延伸300~400千米，个别地区伸展到南纬55°。在南极的夏季，南大洋85%的积冰流散到不冻海域融化掉，海冰的面积缩小为400万~500万平方千米，但陆缘冰断裂而形成的冰山则遍布海面，逐渐向低

---

① 颜其德. 走进南极：一个"南极人"的答案［J］. 上海科学生活，2001（11）：4-9.

纬度海域扩散漂移。①

在南纬 40°~60° 之间，有一个被誉为暴风区的海域。在终年强劲的西风作用下，又受到来自印度洋的暖气流和南极冷极高气压交汇的综合影响，强劲的低气压气旋接连不断的由西向东移动，在洋面上掀起惊涛骇浪，这就是最令各国考察队员"谈海色变"的南大洋暴风区，或称为西风带。它是考察船进入南极区的一道天然屏障和鬼门关，被誉为怒吼的 40°、疯狂的 50°、呼啸的 60°。不过此关，就休想见到南极。②

南大洋的水团结构非常独特，由南极底层水和中层水生成，二者是形成和驱动大西洋经向翻转环流的重要因子，对于热盐环流全球输送带有着至关重要的意义。同时，全球唯一的一支绕极环流，也是全球流量最大的一支洋流——南极绕极流也出现在南大洋，成为大洋间水交换的关键环节。南大洋海冰具有仅次于北半球雪盖的季节变化幅度，海-冰-气耦合反馈过程环环相扣、机理复杂，此外，南大洋生物地球化学循环过程活跃，是全球碳循环中的关键一环。近年来的研究还发现，南大洋上空的大气环流是影响亚洲季风演变的重要因子。总体而言，南大洋海洋环

---

① 《当代中国的南极考察事业》编辑委员会. 当代中国的南极考察事业[M]. 北京：当代中国出版社，2009：7-8.
② 颜其德. 走进南极：一个"南极人"的答案[J]. 上海科学生活，2001(11)：4-9.

流系统在很大程度上调节着南半球乃至全球气候，对这一问题的认识和理解有助于更为深入地把握全球气候系统的演变规律。[①]

与其他各大洋相比，南大洋生物种类较为贫乏，但生物量丰富很多。大量的浮游植物是南大洋简单食物链的一环，它们是南大洋中个体微小的浮游生物、南极磷虾的主要食物。南极磷虾是南大洋食物链中的一个关键环节，它直接维持着南大洋中的其他高级动物——枪乌贼、鱼类、企鹅、海豹和鲸等的生命，三者构成了硅藻→磷虾→肉食性动物的南大洋简单食物链。[②]

三、蛮荒与宝库

南极虽地处地球的最南端，冰天雪地、与世隔绝，但并非真的是蛮荒之地、"不毛之地"，恰恰相反，南极是一座蕴藏着丰富资源和科学奥秘的宝库，是至今地球上最后一块还没有被开发的宝地，因而这也成为导致南极领土纷争的主要根源之一。下面，从能源与矿产资源、淡水资源、生物资源、科学资源四个方面来透视南极这块宝地。

（一）能源与矿产资源

南极蕴藏的能源与矿产资源种类众多，约有 220 种，部分能源与矿产资源的储存量非常惊人。西南极大陆的矿产以铜、铅、锌、锰、金、银等有色金属为主，横贯南极山脉地区，已发现有铜、铅、锌、银等有色金属矿和丰富的煤层。南极煤的储量高达 5 000 亿吨，已发现露天煤层达 6~8 米厚，是世界上最大的煤田之一。东南极大陆多以铁、锰、钼、金刚石、石墨和其他非金属矿产为主。特别是查尔斯王子山脉的铁矿床，其厚度约 100 米，绵延达 120 千米，被誉为南极大陆的"铁山"，是世界上蕴藏量最大的铁矿床之一。据估计，查尔斯王子山脉的铁矿可供人类开发利用 200 年。南大洋海底也发现有宽度 500 余千米的带状锰结核沉积区，此外铜、锌、金、银等金属的蕴藏量也十分可观；南极也有着丰富的非金属矿物，包括云母、石墨、萤石、水晶、绿柱石等各类矿物，并且有些是伴生于其他矿化物质内，这就更增加了其经济价值。南极石油和天然气的储量也非常惊人。根据美国地质调查局透露的资料表明，在南极大陆西部，可能蕴藏有 450 亿桶石油，这个数字相当于目前全世界石油年产量的 2~3 倍。罗斯海和罗斯冰架区、威德尔海和菲尔希内尔冰架区，普里兹湾和兰伯特地堑区是石油、天然气资源潜力最大的主要勘探区；南极半岛陆架区、别林斯高晋海和阿蒙森海陆架区也是石油、天然气资源潜力较好的勘探区；新西兰、高斯伯格—克尔盖伦、克洛泽和福克兰海底高原等海域，是寻找石油、天然气资源的远景区。[①] 据估计，整个南极的石油蕴藏量约有1 000亿桶，天然气储量有3万~5万亿立方米。除此之外，南极还蕴藏有可燃冰等清洁能源以及巨大的风能、地热能和潮汐能等能源。随着各国南极考察的深入，越来越多的南极"宝藏"正逐渐展示出来。

（二）淡水资源

冰雪是南极的外衣，也是南极极为重要的宝贵自然资源。南极常年下雪，终年积雪，积雪成冰，亿万年不化，富有冰山与冰川，成为淡水资源的富集地。据冰川学家估算，南极冰的总量超过3 000万立方千米，是全球淡水资源总储量的72%，如果这些冰全部融化成淡水，据估算可供全人类饮用7 500年，而且其水质极好，几乎没有受到污染。目前，已有一些干旱较为严重的国家，拟从南极拖运冰山回国利用。当然，这些计划要付诸实施，还需要克服许多自然条件的限制和技术难题。沙特阿拉伯曾两次计划将南极的冰山运回沙特阿拉伯以解决沙特阿拉伯淡水资源短缺问题。1977年，沙特阿拉伯一家名为"国家顾问局"的公司就与法国方面合作，计划将一座重约1.5亿吨的冰山用6艘运输船牵引到约9 000千米远的沙特阿拉伯吉达港，但由于缺乏实验数据和技术支持，该计划在当时并没

---

① 朱建钢，颜其德，凌晓良.南极资源及其开发利用前景分析［J］.中国软科学，2005（8）：17-22，10.

有被实施。该公司也曾计划于2018年开展一次预备实验，将通过卫星影像找到的冰山由小型船队用绳索和网向北拖拽至澳大利亚或者南非，但这一计划也无疾而终。如果从南极拖运冰山的难题能够得以解决，那将是对人类和平与发展事业的重大利好。不过，要实现这一愿望，还有漫长的路要走。无论如何，南极巨大的淡水资源藏量，是地球对人类的馈赠，是人类在未来解决干旱、淡水资源缺乏等问题时的一个重要方向。

（三）生物资源

南极的鲸类、海豹（见图1-1）、鱼类、磷虾、海鸟等生物资源十分丰富。据南极生物学家研究和统计，常年或季节性栖息在南极的鸟类有41种之多，可大致归为三大类，分别是信天翁类、海燕类和海鸥类。其中最常见和数量最多的是企鹅、信天翁、巨海燕、雪海燕、南极燕鸥、南极鸽、海鸥、蓝眼鸬鹚和南极贼鸥等。[①] 企鹅是南极的象征，生活在南极的企鹅有7种，据科学家们的长期观察和估算，总量在1.2亿只左右，占世界企鹅总数的87%，占南极海鸟总数的90%。它们是帝企鹅（见图1-2）、王企鹅、阿德利企鹅（见图1-3）、金图（巴布亚）企鹅、帽带企鹅、浮华（马可罗尼）企鹅和喜石企鹅。企鹅大腹便便、温文尔雅、绅士风度十足；企鹅身怀绝技，喝下咸涩

---

① 朱建钢，颜其德，凌晓良.南极资源及其开发利用前景分析［J］.中国软科学，2005（8）：17-22，10.

图 1-1 海豹（南极考察队队员胡晴 摄）

图 1-2 帝企鹅（南极考察队队员胡晴 摄）

图 1-3 阿德利企鹅（南极考察队队员胡晴 摄）

的海水，可以把盐分从鼻子里排出来；企鹅方向感超强，无论走到哪里，每年都能在特定季节准确无误地返回世代生活的栖息之地。南极磷虾储量尤为富饶。据保守估计，南极海域的磷虾总藏量达 6~12 亿吨，在不影响生态平衡的前提下，每年能捕捞 5 000 万吨，被喻为人类未来动物蛋白质的"资源仓库"。南极海豹和鲸的数量也很可观，由于它们浑身是宝，价值巨大，因此自 19 世纪以来，就遭到人类的大量捕杀。1972 年，南极条约协商国共同签订并通过了《南极海豹保护公约》（Convention for the Conservation of Antarctic Seals，CCAS），并于 1978 年 3 月 11 日正式生效。这一条约对罗斯海豹等加以特别严格的保护，对其他类型的海豹和鲸也严格限制了每年的最高捕获量，这对有效保护南极海豹和整个南极生态系统都具有积极意义。此外，由于南极独特的地理环境与气候条件，生长在南极的微生物及细菌有耐低温、抗辐射等特性，被广泛利用在制药业、化工业等领域。南极资源虽然前景可观，但由于经济效益及国际政策等问题尚待解决，南极资源的开发与利用还有很长的路要走。

（四）科学资源

南极大陆有极大的科研价值，对研究板块运动、气候变化、宇宙空间等方面的科学家来说是一座"知识宝库"。南极大陆是冈瓦纳古陆的一部分，中国大陆的形成与冈瓦纳古陆的裂变有关，青藏高原就是由冈瓦纳古陆的中南半岛板块和欧亚板块的碰撞形成的。研究南极大陆及冈瓦纳古陆的演变对认识中国大陆的地壳演化，矿区的分布规律，动、植物的进化过程都具有重要意义。由于南极冰盖对太阳辐射有反射作用，因此南极大陆气温极低，成为全球两大冷源之一，热带地区与南极的温差驱动了大气环流，影响着全球的气候变化。中国的气候变化也与南极有密切联系，多名学者研究了南极温度、海冰等因素对中国夏季天气的影响，总结出了具有实际价值的规律。南极大陆出于其海拔高、大气纯洁、磁场与地面几乎垂直等原因，是进行天文观测，研究大气层、日地关系、宇宙射线的理想场所。降落在南极的陨石由于环境干燥、污染少等特点保存情况良好，又因为南极冰盖历史漫长而且面积辽阔，陨石种类也很丰富。截至 2017 年，中国在南极共收集陨石 12 017 块，位居世界第三，为中国月球和火星等深空探测发挥了重要作用。南极能为各类科学研究提供较为理想的场所，对人类在地球物理学、气候学、天文学等学科的发展有着重要影响。

四、南极考察

在古代，虽然有智者预研过南极大陆的存在，但终因航海技术条件有限，人类无法驾船前去验证考察。直到 15 世纪后半期，随着造船技术和航海技术的突破性发展，欧洲一些资本主义国家为了向外扩展，寻找新的殖民地，殖民探险活动兴起，探险家开始挑战南极天险，从而揭开了人类南极考察历史的序幕。人类南极考察历史一般被分为四个时代：发现时代、英雄时代、航空时代、科学时代。①

（一）发现时代（1772—1900 年）

这一时代跨越的时间比较长，是从 18 世纪后期人类首次到达南极到 20 世纪之前的历史。

1772—1775 年，英国著名航海家詹姆斯·库克受英国政府派遣，率 2 艘独桅帆船"决心"号和"冒险"号完成了一次环球航行，从而开创了南极洲的发现时代。詹姆斯·库克在这次环球航行中，3 次穿过南极圈，往南航行最远到达南纬 71°10′，这在人类航海史上均属首次。在此之后，英国的海豹捕猎者威廉·史密斯船长，驾驶一艘双桅船"威廉斯"号，在 1819 年 2 月发现了南设得兰群岛的利文斯顿岛，其后他宣布该岛属于英国。英国海洋军事部得知这一消息后，又派爱德华·布兰斯菲尔德登上了乔治王岛和克拉伦斯岛，并宣布英国对其的所有权。

1819 年 7 月，以别林斯高晋为队长的俄国南极探险队，乘"东方"号和"和平"号 2 艘帆船从喀琅施塔得港出发，驶向大西洋，穿过西风带，4 次穿过南极圈，于 1821年 1 月 21 日和 28 日，分别发现了彼得一世岛和亚历山大一世岛。

---

① 武衡，钱志宏. 当代中国的南极考察事业 ［M］. 北京：当代中国出版社，1994：8 - 13.

南极大陆的发现，极大引起了探险家和航海家进行南极探险的兴趣和信心，许多国家的探险家和海豹捕猎者纷纷前往南极，在南极又发现了许多岛屿和海岸，为后来的南极考察打下了初步基础。

1823—1824 年，英国人詹姆斯·威德尔探险南极，发现了南极洲第一个海，即现在的威德尔海。1831 年，英国人约翰·比斯科进入南极圈，先后发现了恩德比地、阿德莱德岛和比斯科群岛。在整个 19 世纪，英国人、法国人、美国人、挪威人等纷纷到南极探险、捕猎，南极大陆、山脉、岛屿、近海、海岸等不断被发现。其中，挪威博物学家埃格伯特·博克格雷温克领导的探险队，在 1895 年 1 月首次登上南极维多利亚地的阿代尔角，并在那里建站越冬，人类首次获得了南极大陆严冬的气象、地磁等科学数据。

（二）英雄时代（1901—1927 年）

18 世纪以来，特别是整个 19 世纪探险家们对南极的探险活动越来越多，但限于客观条件的制约，已有的探险活动只局限于南极大陆沿岸及其周围岛屿，还没有人敢于挑战前往南极内陆进行考察。这一局面在进入 20 世纪之后就立即被打破，探险家们不再满足于重复前辈们的足迹，开始将注意力转向南极内陆和南极极点，展开了一场争先到达南极极点的竞争。

1901—1904 年，英国人罗伯特·福尔肯·斯科特率领考察队，驾驶安装有蒸汽机的木质帆船"发现"号到南极考察，他们发现了爱德华七世半岛，在麦克默多海峡的越冬营地度过了 2 个冬天。他们利用雪橇，深入到南纬 82°17′、东经 167°处考察，为到达南极极点进行了初步尝试。1912 年 1 月 18 日，罗伯特·福尔肯·斯科特终于率探险队抵达南极极点，不过此时他已经不是第一个到达南极极点的探险家了。更不幸的是，罗伯特·福尔肯·斯科特和队员在从南极极点撤离返回途中遭遇暴风雪，由于饥饿、疲劳和寒冷的侵袭，罗伯特·福尔肯·斯科特和 4 名伙伴先后丧生。

1909 年 1 月 4 日，英国人欧内斯特·沙克尔顿率领的探险队抵达南纬 88°23′，离南极极点仅有 178 千米，但由于粮食不足而被迫返回。2 年多之后，挪威人罗尔德·阿蒙森率领的探险队在 1911 年 12 月 14 日首次到达南极极点，并于次年 1 月 25 日顺利返回营地。这是人类第一次抵达南极极点。

（三）航空时代（1928—1956 年）

20 世纪是科学技术大发展的时代，从科学理论到技术与产品的速度大大加快。比如，飞机在 20 世纪之初诞生之后就发展迅猛，特别是经过第一次世界大战的刺激，飞机很快就成为人类交通工具中的重要组成部分。飞机应用于南极考察，标志着南极航空时代的到来。

1928 年 11 月，英国人休伯特·威尔金斯爵士第一次在南极上空飞行，并进行了长距离的观测和航空摄影。次年

11 月，美国人理查德·伯德上将首次进行了飞越南极极点的航行和空中拍摄。1933—1935 年，理查德·伯德再度利用飞机考察南极，通过航测证明罗斯海和威德尔海不连在一起，即南极大陆是一个整体。1935 年 11 月，美国人林肯·埃尔斯沃思驾驶飞机纵贯南极半岛，并先后着陆 4 次，首次证实飞机可以在南极大陆进行各种项目的考察。

1946—1947 年，美国派遣了规模庞大的考察队前往南极考察，官兵多达 4 700 余人，并出动了固定翼飞机 19 架、直升机 7 架，另有破冰船、航空母舰、潜水艇和驱逐舰等 13 艘，浩浩荡荡开往南极。在理查德·伯德的指挥下，庞大的美国考察队对南极展开了立体考察测绘。其中，飞机共飞行了 64 个航次，拍摄航空照片 1.5 万张，侦察照片 7 万张。通过航测，至少确定了 18 个山脉的地理位置，并把新发现的山脉、半岛、群岛等绘入了地图。

美国在 1946 年大规模开展南极考察是有深刻时代背景的。一方面，在此之前，已有多国对南极洲正式提出了领土要求，如英国、法国、挪威、新西兰、澳大利亚、阿根廷和智利等，这显然是对美国不利的；另一方面，第二次世界大战之后，美国国力强盛，已取代英国成为西方资本主义世界的头牌，既有雄厚的实力又有迫切的国家利益需求，驱使着美国开展史无前例的大规模南极考察。

（四）科学时代（1957 年至今）

自人类首次登上南极洲开始，认识南极、理解南极都是历次南极考察活动的内容之一。但是，不管是发现时代，还是英雄时代，或是航空时代，科学考察活动都不是南极考察的主要内容和主要目的，科学考察活动都是附属的。南极考察的科学时代是从 1957—1958 年的国际地球物理年（International Geophysical Year，IGY）开始的，直至今日。

关于首届 IGY 的缘起、过程以及中国的参与情况，本书将在第二章进行介绍。由于 IGY 的成功，使得合作开展南极科学考察、以和平为目的的活动成为国际社会共识，并直接促成了 1959 年《南极条约》的缔结。首届 IGY 之后，越来越多的国家对南极科学考察感兴趣，纷纷派遣考察队赴南极洲建立科考站并进行科学考察。

五、南极主权争端

人类在 20 世纪初开始大规模探索南极，一方面是因为人类技术水平在第二次工业革命后迅速发展，能够为探险家的南极之行提供技术支撑与物资保障；另一方面是因为对于奉行殖民主义的列强来说，面积超过 1 400 万平方千米的南极是必争之地，更不用说南极还蕴藏着大量能源资源。英国是最早对南极提出主权要求的国家，其于 1908 年提出的主权要求包括位于西经 20°到西经 50°之间、南纬 50°以南所有的 58 个岛屿和领土，以及位于西经 50°至西经 80°之间所有的岛屿和领土。在接下来的几十年中，新西兰、澳大利亚、法国、挪威、智利、阿根廷 6 国相继对南极洲

83%的领土提出了自己的主权要求。① 列强对南极主权的诉求主要可以分为两派，一派是以英国为首的欧洲、大洋洲国家支持的"扇形原则"，以南极极点为顶点、以两条相关的经线为两个腰、再以某国的海岸或某一纬线作底边，这样所形成的扇形区内的陆地连同海上的冰，构成邻接扇形区的国家的领土；另一派是以阿根廷为首的南美洲国家支持的"先占原则"，即把南极视为无主土地，只要有国家实行有效的占领（包括设立居民点、悬挂国旗、建立行政机构等），就能取得该地区的领土主权。② 根据不同原则提出南极主权要求的两派在领土上自然有重叠的部分，这就造成了两派之间的纠纷，其中英国与阿根廷之间的冲突最为激烈。

1947—1954 年，英国曾先后 4 次就南极领土主权分歧上诉至国际法院，但遭到了阿根廷和智利的反对，拒绝由国际法院审理。1955 年，英国单方面向国际法院提出仲裁申请，提出阿根廷和智利对南极有争议地区的主张均属非法和无效行为，后该案也因阿根廷和智利的反对，国际法院拒绝审理。1952 年 1 月 30 日，一队英国科学家乘坐"约翰·比斯科"号考察船驶往南极半岛，拟重建 1948 年毁于火灾的霍普湾基地。但船队要登陆南极半岛时，却遭到阿

① 胡德坤，唐静瑶. 南极领土争端与《南极条约》的缔结 [J]. 武汉大学学报（人文科学版），2010，63（1）：64 - 69.
② 甘露. 南极主权问题及其国际法依据探析 [J]. 复旦学报（社会科学版），2011（4）：119 - 125.

根廷武装士兵的抵制，接连向英国考察队递出3封警告信，不允许英国考察队擅自踏上"阿根廷的土地"，双方剑拔弩张，发生了军事冲突。最后在多方调停下，阿根廷军队后撤，英国考察队在海军的保护下重建了霍普湾基地，霍普湾事件就此落下帷幕，但英国与阿根廷两国之间关于南极主权的冲突仍在继续。[①]

苏联并未对南极的领土主权提出明确要求，但苏联反对他国对南极提出领土主权要求，同时认为南极大陆是俄国航海家最先发现的，根据"发现原则"，苏联应对南极大陆享有一定的优先权。1949年，苏联根据别林斯高晋的发现，宣布苏联在南极的利益，但没有宣布南极领土的主权。1950年6月，苏联发表声明称如果没有苏联参与，关于南极主权的任何方案都不予承认。[②] 美国既不愿看到南极妨碍其同盟体系的团结，成为引发美国盟国之间冲突的导火线，也不愿在此问题上与苏联迎头相撞。因此，规避南极风险，防止冷战扩大化，同时又保证南极问题的解决符合美国的国家安全利益，是美国政府的努力方向。美国曾提出同其他7个主权要求国成立超国家南极管理机构的共管方案，但因澳大利亚和阿根廷的反对而不了了之。[③]

---

① 郭培清.阿根廷、智利与南极洲 [J].海洋世界，2007（6）：74-80.
② 郭培清.美国南极洲政策中的苏联因素 [J].中国海洋大学学报（社会科学版），2007（2）：12-15.
③ 郭培清.美国政府的南极洲政策与《南极条约》的形成 [J].世界历史，2006（1）：84-91.

1957—1958 年开展的 IGY 计划成了南极主权纷争的转折点。各成员国对世界各地，尤其是南极的物理现象进行联合观测，在气象学、海洋学、地震学、冰川学等学科领域展开了国际科学考察合作，这些观测与考察取得了丰硕的成果，各个国家认识到了国际合作共同考察南极的合理性与必要性。与此同时，老牌资本主义国家国力衰退，面对全世界的反殖民地浪潮自顾不暇，无力在南极主权上继续博弈。美国、苏联两国也无意把南极卷入冷战，希望把南极塑造为一个和平合作的区域。在种种因素的影响下，与南极考察相关的 12 个国家在 1959 年 12 月 1 日签订《南极条约》。该条约规定南极仅用于和平目的，冻结目前南极领土所有权的主张，关于南极的主权纷争暂时告一段落。

纵观南极考察的历史可以发现，自近代以来，南极一直受到国际社会的强烈关注，以至于国际纷争不断，目前虽处于和平状态，但南极也面临着生态环境破坏、国际斗争暗涌的局面。面向未来，南极因其特殊的地理位置、自然状况、资源禀赋和科学价值必将受到越来越多国家的关注和介入，因此，认识南极、保护南极、利用南极的和平之路任重而道远。

第二节

北　极

　　南、北两极（统称"极地"）作为地球两大冷源以及大气环流驱动器，对于全球气候系统的稳定有着重大影响。长期以来，相较于南极研究，我国学界对北极关注是不足的。近年来，在经济全球化、区域一体化不断加速发展的大背景下，北极战略、经济、科研、环保、航道、资源价值逐步凸显，对于北极的科学考察、环境保护、资源开发与利用具有全球意义和国际影响。尤其是随着全球气候变暖、两极冰川加速融化，北极坐拥连接亚、欧、美三大洲的最短航线的巨大优势，其战略地位更是无可替代。在这种大背景下，加深对于北极的了解显得刻不容缓。

　　地理上的北极（北极地区）通常指北极圈（北纬66°34'）以北的区域，总面积约2 100万平方千米。在国际法语境下，北极包括欧洲、亚洲和北美洲毗邻北冰洋的北方大陆和相关岛屿，以及北冰洋中的国家管辖范围内海域、公海和国际海底区域。北极事务没有统一适用的单一国际条约，它由《联合国宪章》《联合国海洋法公约》《斯匹次卑尔根群岛条约》等国际条约和一般国际法予以规范。①根据《北极问题研究》等著作成果，现将北极情况概述如下。

一、北极区域划分

目前国际上对于北极的区域划分标准尚未形成统一意见，常见的划分标准有地理学、物候学和行政区域 3 种，这 3 种方法得到的北极大小分别约为 2 100 万、3 100 万和 4 100 万平方千米。

从地理学角度来看，北极是指北极圈（北纬 66°34′）以北的广大区域。之所以选择北纬 66°34′作为分界标准，是因为地球自转轨道与公转轨道之间存在一个约 23°26′的倾角，它导致每年夏至这一纬度地区会发生极昼现象，每年冬至这一地区会发生极夜现象。北极圈以北地区每年会发生天数不等的极昼、极夜现象。以地理学方法划分北极，其优点是标准明确、操作方便，其缺点则在于人为将统一的地理区域如北冰洋、格陵兰岛等一分为二，既缺乏地缘政治的依据，又缺乏生态环境的考量，不利于相关研究的开展。

① 刘惠荣，杨凡. 国际法视野下的北极环境法律问题研究 [J]. 中国海洋大学学报（社会科学版），2009 (3)：1 - 5.

从物候学角度看，北极与非北极地区在气候、生态、冰川、海洋等自然环境上存在着显著差异，目前通用的物候学划分标准就是根据这些差异确定的。比如，气候学划分，就是以 7 月份 10℃ 等温线（海洋区域为海表温度 5℃ 的等温线）作为北极南端分界线。① 生态学则以植被形态为依据，将北半球低矮的苔原带与亚寒带针叶林带之间的界线——树线作为划界依据，树线以北即为北极。② 对于北极圈和附近陆地来说，冰川学角度的划分也同样被采用，即将永久性冰层与季节性冰层之间的界线作为北极与非北极地区的分界线。海洋学方法则将北冰洋的南界作为北极与非北极地区的分界线，但这种方法无法划分北极陆地区域，必须与其他方法配合使用。

从行政区域的角度看，北极的陆地、岛屿以及除北冰洋之外的水域均有明确主权归属，沿北极圈分布的 8 个国家加拿大、美国、俄罗斯、挪威、瑞典、芬兰、冰岛和丹麦被称为环北极国家。③ 行政区域划分法就是根据环北极国家的历史传统，以位于北极的行政区域总和作为划分依据。值得说明的是，与海洋学方法正好相反，这种划分方法考虑到了陆地部分，却没有考虑北极的海洋区域部分。由于

---

① Stonehouse B. Polar ecology［M］. London：Springer，2013.
② Linell K A, Tedrow J C F. Soil and permafrost surveys in the arctic［M］. Oxford：Oxford University Press，1981.
③ 张侠，刘玉新，凌晓良，等. 北极地区人口数量、组成与分布［J］. 世界地理研究，2008，17（4）：132 - 141.

北极的特殊地理位置，北极域外国家在北极不享有领土主权，但依据《联合国海洋法公约》等国际条约和一般国际法域外国在北冰洋公海等海域享有科研、航行、飞越、捕鱼、铺设海底电缆和管道等权利，在国际海底区域享有资源勘探和开发等权利。此外，《斯匹次卑尔根群岛条约》缔约国有权自由进出北极特定区域，并依法在该特定区域内平等享有开展科研以及从事生产和商业活动的权利，包括狩猎、捕鱼、采矿等。

近年来关于北极空间范围的定义还在不断丰富，这些定义的目的不在于替代现存的北极区域划分标准，也不是在地缘政治上对环北极国家的挑战，而是为了北极治理的实际需求，由不同的国际组织或学术团体所定义的。国际海事组织、北极动植物保护工作组、北极监测与评估工作组、北极理事会、联合国粮食及农业组织等均有各自界定的北极范围。①

二、北冰洋概况

作为北极地区主体部分的北冰洋（Arctic Ocean）又称为北极海，是世界上面积最小、水深最浅、水温最低的大洋。北冰洋面积仅为 1 475 万平方千米，不到太平洋的 9%。它的平均深度为 1 225 米，最深处为 5 527 米。1845 年，英

---

① 杨剑，等.北极治理新论［M］.北京：时事出版社，2014：5－11.

国伦敦地理学会命名，经中文翻译为北冰洋，其名称 Arctic 源于希腊语，意指正对着大熊星座的海洋。其地理范围大致以北极极点为中心，被亚欧大陆、北美大陆和格陵兰岛环抱，经白令海峡与太平洋相通，通过丹麦海峡和史密斯海峡与大西洋相连。

根据自然地理特点，北冰洋分为北极海区和北欧海区两部分。北冰洋主体部分、喀拉海、拉普捷夫海、东西伯利亚海、楚科奇海、波弗特海及加拿大北极群岛各海峡属北极海区；格陵兰海、挪威海、巴伦支海和白海属北欧海区。北欧海区相对水温和气温较高、降水较多、冰层较少、海洋生物资源丰富；北极海区则绝大部分终年被海冰覆盖，水温和气温较低，生物分布稀疏。

北冰洋海底大陆架很广阔，面积约 580 万平方千米，占北冰洋面积的 40%，深海区在大洋中所占的比例很小。北冰洋其余 60% 海底则属于中央盆地，被 3 条海岭所分割：罗蒙诺索夫海岭——大约从新西伯利亚群岛穿过北极，至格陵兰岛北岸，岭脊距海面 1 000~2 000 米；门捷列夫海岭（阿尔法海岭）——从亚洲一侧的弗兰格尔岛至格陵兰岛一侧的埃尔斯米尔岛附近，与罗蒙诺索夫海岭汇合；北冰洋中脊——位于罗蒙诺索夫海岭另一侧，从勒拿河口到格陵兰岛北侧，与穿过冰岛的北大西洋海岭连接，长约 2 000 千米，宽约 200 千米。

北冰洋海岸线十分曲折，形成了许多浅而宽的边缘海及海湾。海岸类型中有侵蚀海岸、峡湾式海岸、三角洲型海岸及潟湖式海岸。在亚洲大陆沿岸的边缘海有巴伦支海、喀拉海、拉普捷夫海、东西伯利亚海以及楚科奇海。北美洲沿岸有波弗特海、格陵兰海。北冰洋岛屿众多，仅次于太平洋而居各大洋的第二位。岛屿总面积约为380万平方千米，均属大陆岛，多分布在大陆架上。流入北冰洋的主要河流有鄂毕河、叶尼塞河、勒拿河、马更些河和育空河。在北冰洋周围的各边缘海，有数不清的冰山和浮冰，虽然一般高度和体积都比不上南极的冰山，但外形奇异，有时候也会有非常巨大的冰山出现。冰山顺着海流向南漂去，有的从北极海域一直漂到北大西洋。由于漂流路线不固定，因此给航行在北大西洋上的船舶带来很大的危害。北冰洋有常年不化的冰盖。

北冰洋气候寒冷，洋面大部分常年冰冻。北极海区最冷月平均气温可达-40～-20℃，暖季也多在8℃以下；年平均降水量仅为75～200毫米，格陵兰海可达500毫米；寒季常有猛烈的暴风。北欧海区受北大西洋暖流影响，水温、气温较高，降水较多，冰情较轻；暖季多海雾，有些月份雾期较长，甚至连续几昼夜大雾弥漫。北极海区从水深100～225米到水面的水温为-1.7～-1℃，在滨海地带水温全年变动很大，为-1.5～8℃；而北欧海区，水面温度全年在2～12℃。此外，在北冰洋水深100～250米和600～900米处，有来自北大西洋暖流的中间温水层，水温为0～1℃。

北冰洋洋流系统由北大西洋暖流的分支挪威暖流、斯匹次卑尔根暖流、北角暖流和东格陵兰寒流等组成。北冰洋洋流进入大西洋，在地转偏向力的作用下，水流偏向右方，沿格陵兰岛南下的称东格陵兰寒流，沿拉布拉多半岛南下的称拉布拉多寒流。寒流带走了大量的北极浮冰、冰山和过剩海水，大西洋暖流则为北冰洋带来了大量的高温、高盐海水。

北冰洋洋面绝大部分终年被海冰覆盖，是地球上唯一的白色海洋。北冰洋中央的海冰已持续存在300万年，属永久性海冰。但受到全球气候变暖以及极端高温天气的影响，北冰洋的海冰覆盖面积持续减少，2012年8月27日，美国国家冰雪数据中心显示，在8月26日的卫星观测时，北冰洋的海冰面积已经缩减至只有410万平方千米，北冰洋夏季的海冰量已减少超过40%。美国国家航空航天局科学家乔伊·科米索表示，2012年北极的夏季未出现不寻常的高温，但北冰洋夏季的融冰量令人惊讶。美国国家冰雪数据中心指出，此现象是长期气候暖化的强烈信号，不少科学家均预测2013—2040年可能会出现夏季北冰洋彻底无冰的情况。①

三、北极自然资源

北极蕴藏着丰富的自然资源，在21世纪人类化石能源

---

① Wilson P. Russia the next climate recalcitrant [N]. The Australian, 2008 - 01 - 17.

消耗大幅增加、已探明储量接近枯竭的大背景下，两极凭借其丰富的石油、天然气储量，俨然成了传统能源的聚宝盆。据美国地质调查局（United States Geological Survey, USGS）2009年的调查报告，北极拥有全球未开采石油13%的储量，被誉为"第二个中东"。[①]北极的自然资源按照其种类可分为三大类：一是以矿产、石油、天然气为代表的不可再生资源；二是以渔业为代表的可再生生物资源；三是以航运、旅游等为代表的新型资源。

（一）化石能源

美国地质调查局2008年调查估计，世界22%的尚未发现的技术上可采的油气资源，包括世界上13%的未发现石油、30%未发现的天然气和20%未发现的液态天然气，都在北极。这意味着北极拥有大约900亿桶技术上可采的石油，47万亿立方米技术上可采的天然气和440亿桶技术上可采的液态天然气。[②]北极的煤炭资源更为丰富，总储量约为10 000亿吨，远大于南极煤炭资源储量，接近于目前全世界已探明的煤炭资源储量9 844亿吨。世界主要环北极国家都在加速勘探北极化石能源储备，尤其是美国和俄罗斯。从1970年开始，美国和俄罗斯两国都重金投资建设阿拉斯加和西伯利亚的油气输送管道，为大规模开采北极能源做

---

① 史春林.北冰洋航线开通对中国经济发展的作用及中国利用对策［J］.经济问题探索，2010（8）：47-52.

② 贾凌霄.北极地区油气资源勘探开发现状［N］.中国矿业报，2017-07-14（4）.

好准备。从 1960—2004 的 40 多年间，俄罗斯在北极开采的石油总量约为 120 亿立方米、美国约为 25 亿立方米、加拿大约为 4 000 万立方米、挪威则超过 3.5 亿立方米。北极的化石能源不仅储量丰富，而且品质优良。以北极煤炭为例，其具有平均热值高、低硫、低灰、低温的特点，可直接用作能源和工业原料。可以预见的是，随着全世界化石能源储备的逐渐枯竭，北极的资源优势将会逐步凸显，北极可能会成为新的"海湾地区"，有鉴于此，世界各主要环北极国家都在积极推进调查、勘探工作，为抢占资源开发的先机做准备。

（二）矿产资源

北极拥有丰富的铁矿资源。以挪威为例，其可开采铁矿 3 000 万吨，钛矿 1 800 万吨，镁产量居世界第二。加拿大北极巴芬岛地区铁矿可开采量更是高达 3.7 亿吨，储量极为惊人。阿拉斯加淘金热盛行半个多世纪，产出 108.5 吨黄金。西特卡附近的金矿也曾产金 24.8 吨。除贵金属外，北极还勘测出铀和钇等稀有元素，是军事战略的重要资源。1972 年北极发现可燃冰资源，可燃冰广泛分布在南、北两极海洋 400~600 米水深的大陆架和冻土圈地层中，其储量以所含碳计算，大约是全球三大传统化石能源储量的 2 倍，具有广阔的应用前景和战略价值。目前，世界各主要大国也在加速研究可燃冰的开采和利用技术，一旦取得成功，其商业价值不可限量。格陵兰岛的稀土资源大概占到全球的

1/10，一旦投入开采冶炼，将对全球稀土市场产生影响。

（三）生物资源

北极生物资源可分为陆地生物资源与海洋生物资源。海洋生物资源主要为海洋哺乳类、鱼虾类等。陆地生物资源则包括陆生哺乳类、鸟类以及各种植物资源。北极海域的经济鱼类主要有北极鲑鱼、鳕鱼、鲱鱼、鲉鱼、香鱼和毛鳞鱼等，其中最重要的是鲑鱼和鳕鱼。巴伦支海、挪威海和格陵兰海是世界知名的大渔场，其捕鱼量占世界总量的8%～10%。阿拉斯加州绿鳕捕捞年收入达20亿美元，为当地5万人提供了就业岗位。格陵兰西部的鳕鱼和北极虾捕捞也为当地提供了重要的经济来源。北极渔业不仅具有重要的经济价值，其在维持生态系统稳定性上也发挥了重要作用，所以世界主要渔业国家逐渐关注到了过度捕捞问题，并提出了一系列的相应对策。在北极的陆地生物资源中，驯鹿占有重要地位，据估计，北极苔原可饲养超过4 000万头驯鹿，由此发展起来的肉类、皮革品贸易也成了北极重要的支柱产业。北极的针叶林带面积超过世界森林面积的1/3，北极国家借此发展起来的木材、纸浆、造纸工业在全球占有重要地位。著名的芬兰企业——诺基亚公司就以伐木和造纸起家，最终成为世界通信和手机行业巨头。

（四）航运资源

受北冰洋常年冻冰的影响，北冰洋航道长期处于封闭状态。但随着近年来全球变暖、海冰融化的影响，北冰洋的重要航运潜能逐渐显现。^① 据估计，北冰洋上的冻冰将以每年3%的速度融化，这意味着未来欧洲到亚洲的水运路程将会缩短一半，从而为世界性的航运成本的降低以及北极油气开采、运输提供有利条件。从商业航线角度看，目前北方航路货运量每年达数百万吨，但受到商船吃水限制、需破冰船领航的影响，运输成本较高，未来如果经北极极点的国际航路开通，货运成本将大大降低，货运量则会成倍上增。同时，北冰洋系亚、欧、北美三大洲的顶点，有联系三大洲的最短大弧航线，地理位置很重要。^② 目前北冰洋沿岸有固定的航空线和航海线，主要航海线有从摩尔曼斯克到符拉迪沃斯托克的和从摩尔曼斯克直达斯瓦尔巴群岛、雷克雅未克和伦敦的。这一航运通道将在未来国际航运中扮演越来越重要的角色。^③

（五）旅游资源

北极壮阔的自然地理风光（如极昼、极夜）、独特的人文环境（如因纽特人民族文化）、冰雪世界与伴随的商业运动开发（如滑雪、滑冰等）都使得北极具有得天独厚的旅游开发优势。随着气候变暖，奔赴北极的交通成本以及在北极生活的给养成本会逐渐降低，这一切都会推动北极旅

①　张婷婷."冰上丝绸之路"助力欧亚互联互通 ［N］.解放军报，2019－04－23（4）.
②　岳来群，杨丽丽，赵越.关于北极地区油气资源的战略性思考 ［J］.中国国土资源经济，2008，21（11）：12－13.
③　徐广森.苏联北方海航道开发历史探析 ［J］.俄罗斯研究，2018（4）：30－61.

游业的发展。近年来，赴极地游玩的旅客人数急剧增加。据统计，2016—2017 年赴南极游玩人数达到 565 318 人次，相较于 2015—2016 年数据增加近 10 万人次，足以看出极地旅游的巨大吸引力。北极相较于南极，其地理、气候、交通条件都更为优越，所以其旅游资源的开发时间和开发程度都要优于南极。但由于过度开发旅游业给当地环境带来的巨大挑战，环北极各国政府不得不出台一系列政策法规，规范北极的旅游行为。丹麦政府于 1967 年颁布《格陵兰岛旅行行政令》、挪威政府于 1971 年颁布《布韦岛及其毗邻水域为自然保护区》、挪威政府于 2001 年颁布《关于斯瓦尔巴群岛环境保护的法案》。通过这一系列行政法规的约束，北极在发展旅游业振兴经济与环境保护之间逐渐找到平衡点。

四、北极探险

　　与南极大陆长时间和人类活动隔绝的状态不同，北极一直都与人类活动，尤其是早期人类迁移息息相关。考古证据显示，大约在 10 000 年前，亚洲中部和东部的蒙古利亚人种因气候变暖而逐渐北迁，一部分人留在了今天的西伯利亚地区，另一部分人穿过白令陆桥到达美洲大陆，成为今天美洲原住民因纽特人的祖先。至公元前 4 世纪，希腊航海家毕塞亚斯已经在航海过程中发现了极昼现象。[①] 在

---

① 刘稚亚. 航向北极：极点 [J]. 经济，2014（12）：94 - 101.

之后相当长的时间内，北欧人成了北极探测的急先锋，但由于缺乏持续性的动力支撑，这种探险活动鲜有记载留存。

13世纪时，由于马可·波罗的中国之行，使西方人相信中国是一个黄金遍地、珠宝成山、美女如云的人间天堂。于是，西方人开始寻找通向中国的最短航线——海上丝绸之路。当时的欧洲人相信，只要从挪威海北上，然后向东或者向西沿着海岸一直航行，就一定能够到达东方的中国。到了15世纪中叶，奥斯曼土耳其帝国崛起，切断了东西方之间的传统商路，在经济利益的驱使下，欧洲人不得不寻找通往东方的新航路，之后的故事就是众所周知的欧洲大航海时代的开启，以及哥伦布、麦哲伦等人的伟大探险事迹。但在向西寻找新航路的同时，向北开辟亚欧两洲之间的新航道也被一代代的探险家们躬身实践着。因此，中世纪的北极探险考察史是同北冰洋东北航道和西北航道的发现分不开的。

（一）东北航道

该航道连接东亚，起始于白令海峡，向西经过楚科奇海、东西伯利亚海、拉普捷夫海、喀拉海、巴伦支海，然后到达北欧。[1] 1553年，英国君主爱德华六世就曾派遣船舶试图沿巴伦支海打通通往亚洲的东北航道，最终却因为

---

[1] 孟德宾.北极航道对全球贸易格局的影响研究［D］.上海社会科学院，2015.

严寒天气而遭遇失败。但这次航行有一队人马到达俄罗斯，受到了沙皇的接待，从而为英国、俄罗斯通商作出了贡献。之后，1594年荷兰人也曾派遣船舶试图开辟东北航道，但同样因为恶劣的天气原因而再次折戟沉沙。直到1878年，在更好的通航条件以及更全面的地理知识的帮助下，芬兰的诺登许尔德男爵才率领船队绕过亚洲大陆东北角进入白令海峡，最终完成了人类几个世纪以来的心愿，成功开辟出了欧洲通往亚洲的东北航道。

（二）西北航道

该航道起始于白令海峡，向东沿美国阿拉斯加州北部离岸海域，经过加拿大北极群岛海域，一直到戴维斯海峡。1725年1月，彼得大帝任命丹麦人白令为俄罗斯考察队队长，去完成"确定亚洲和美洲大陆是否连在一起"这一项艰巨任务。白令和他的25名队员离开圣彼得堡，自西向东横穿俄罗斯，旅行了8 000多千米后，到达太平洋海岸，然后他们从那里登船出征，向西北方向航行。在此后的17年中，白令先后完成了两次极其艰难的探险航行。在第一次航行中，他绘制了堪察加半岛的海图，并且顺利地通过了阿拉斯加与西伯利亚之间的航道，也就是现在的白令海峡。在1739年开始的第二次航行中，白令到达了北美洲的西海岸，发现了阿留申群岛和阿拉斯加半岛。正是由于他的发现，使得俄罗斯对阿拉斯加的领土要求得到了承认。由于东北航道的开辟长时间没有结果，因此英国政府设立奖金鼓励船员开发西北航道。约翰·富兰克林爵士是这一号召的积极响应者。1845年5月，他率领2艘船试图经由今天的格陵兰岛与巴芬岛之间的海域向西北开辟航道，但很快整队人马便消失在茫茫冰海中。英国多支探险队曾试图寻找船队残骸，但都杳无音讯。后人推测约翰·富兰克林船队失事与严寒天气、贫乏物资供应以及肆虐的传染病有关。直到1905年，挪威人罗尔德·阿蒙森（正是那位著名的首次到达南极极点，令英国探险家罗伯特·福尔肯·斯科特抱憾的罗尔德·阿蒙森）从巴芬湾北部一路横穿加拿大北部各主要岛屿，在1906年8月驶入白令海峡，从而打通了亚欧两洲之间的西北航道。

在欧洲探险家开辟北极航道（见图1-4）的同时，对北极极点的寻找也吸引着探险家们展开征程。

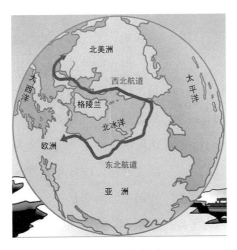

图1-4　北极航道

（三）北极极点

　　1879 年 7 月，为了救援诺登许尔德男爵，美国人乔治·德隆满载物资，驾驶"珍妮特"号从旧金山出发前往北极。在途中他得知了诺登许尔德男爵已经成功驶向白令海峡的消息，但乔治·德隆并没有鸣金返航，而是继续向北行驶，开始了他探寻北极极点的征程。但是，在北冰洋中，因为船体结冰，船头变形，乔治·德隆不得不率领船员弃船逃生。1881 年 6 月，乔治·德隆将船员兵分三路，携带好食物、燃料及其他物质后分头乘小艇逃生。令人唏嘘的是，只有一艘小艇的船员被风吹至岸边得救，另外两队人马则是全军覆没。虽未成功，但乔治·德隆的探险为后人留下了宝贵的资料，人们通过他的记述逐渐认识到北极冰盖不是静止的，而是随海水运动的，这对日后的北极探险有着现实的指导意义。1893 年 6 月，挪威人弗里德持乔夫·南森沿着乔治·德隆探险的足迹，驾驶"费拉姆"号出海，试图通过北极冰盖的漂流运动到达北极极点，但长期的冰上航行让他意识到自己的想法是错误的。于是，1895 年 3 月，他离开船舶，带上雪橇从陆上向北进发，最远到达了北纬 86°13′，但最终因为冰雪融化不得不返程。这两次失败的北极探险为后来的探险家积累了丰富的气象、洋流资料，1908 年 6 月，美国探险家罗伯特·皮尔里驾驶"罗斯福"号再次开始了向北极极点的冲刺。中间因为恶劣的天气，罗伯特·皮尔里只能率领船员走陆路向北极极点进发，1909 年 4 月 6 日，皮尔里团队最终到达北极极点并插下美国国旗,完成了人类对北极极点的追寻。

五、中国的北极战略

中国虽然不是传统意义上的环北极国家,但从地缘政治和地理环境的角度来看中国与北极有着密不可分的关系。作为"近北极国家",中国在北极有着重大的利益关切,包括科研、航运、资源、气候等诸多方面,这也对我国的北极战略产生了重大影响。中国倡导构建人类命运共同体,是北极事务的积极参与者、建设者和贡献者,努力为北极发展贡献中国智慧和中国力量。

中国与北极的跨区域和全球性问题息息相关,特别是北极的气候变化、环境、科研、航道利用、资源勘探与开发、安全、国际治理等问题,关系到世界各国和人类的共同生存与发展。中国在北冰洋公海、国际海底区域等海域和特定区域享有《联合国海洋法公约》《斯匹次卑尔根群岛条约》等国际条约和一般国际法所规定的科研、航行、飞越、捕鱼、铺设海底电缆和管道、资源勘探与开发等自由或权利。中国是联合国安理会常任理事国,肩负着共同维护北极和平与安全的重要使命。中国是世界贸易大国和能源消费大国,北极航道和资源开发利用可能对中国的能源战略和经济发展产生巨大影响。[①] 中国的资金、技术、市

---

① 秦洪军,郭浩,赵向智.北极航道开通背景下中国与北极国家的贸易发展研究 [J].东北亚经济研究,2018,2(6):93-108.

场、知识和经验在拓展北极航道网络和促进航道沿岸国经济社会发展方面可望发挥重要作用。中国在北极与北极国家利益相融合，与世界各国休戚与共。

中国参与北极事务由来已久。1925年，中国加入《斯匹次卑尔根群岛条约》，正式开启参与北极事务的进程。此后，中国关于北极的探索不断深入，实践不断增加，活动不断扩展，合作不断深化。1996年，中国成为国际北极科学委员会成员国，中国的北极科研活动日趋活跃。从1999年起，中国以"雪龙"号为平台，成功进行了多次北极科学考察。2004年，中国在斯匹次卑尔根群岛的新奥尔松地区建成中国北极黄河站。截至2017年年底，中国在北极已成功开展了8次北冰洋科学考察和14个年度的黄河站站基科学考察。借助船站平台，中国在北极逐步建立起海洋、冰雪、大气、生物、地质等多学科观测体系。2013年，中国成为北极理事会正式观察员。近年来，中国企业开始积极探索北极航道的商业利用。中国的北极活动已由单纯的科学研究拓展至北极事务的诸多方面，涉及全球治理、区域合作、多边和双边机制等多个层面，涵盖科学研究、生态环境、气候变化、经济开发和人文交流等多个领域。作为国际社会的重要成员，中国对北极国际规则的制定和北极治理机制的构建发挥了积极作用。中国发起共建"丝绸之路经济带"和"21世纪海上丝绸之路"（"一带一路"）重要合作倡议，与各方共建"冰上丝绸之路"，为促进北极互联互通和经济社会可持续发展带来合作机遇。①

中国的北极政策目标是：认识北极、保护北极、利用北极和参与治理北极，维护各国和国际社会在北极的共同利益，推动北极的可持续发展。认识北极就是要提高北极的科学研究水平和能力，不断深化对北极的科学认知和了解，探索北极变化和发展的客观规律，为增强人类保护、利用和治理北极的能力创造有利条件。保护北极就是要积极应对北极气候变化，保护北极独特的自然环境和生态系统，不断提升北极自身的气候、环境和生态适应力，尊重多样化的社会文化以及原住民的历史传统。利用北极就是要不断提高极地技术的应用水平和能力，不断加强在技术创新、环境保护、资源利用、航道开发等领域的北极活动，促进北极的经济社会发展和改善当地居民的生活条件，实现共同发展。参与治理北极就是要依据规则、通过机制对北极事务和活动进行规范和管理。对外，中国坚持依据包括《联合国宪章》《联合国海洋法公约》和气候变化、环境等领域的国际条约，以及国际海事组织有关规则在内的现有国际法框架，通过全球、区域、多边和双边机制应对各类传统与非传统安全挑战，构建和维护公正、合理、有序的北极治理体系。对内，中国坚持依法规范和管理国内北

---

① 李振福，彭琰."通权论"与"冰上丝绸之路"建设研究 [J]. 东北师大学报（哲学社会科学版），2019（4）：23-32.

极事务与活动，稳步增强认识、保护和利用北极的能力，积极参与北极事务国际合作。

六、北极航道战略地位

世界主要海运航线包括印度洋航线、太平洋航线、大西洋航线和北冰洋航线，作为穿越北极连接大西洋和太平洋海上通道的北极航道，早在15—17世纪的大航海时代就有其概念存在。当时西班牙和葡萄牙对好望角和合恩角航线实施垄断，其他国家只能纷纷探寻经北大西洋穿越北冰洋到达东方诸国的新航道。北极航道的通航将明显缩短东亚与欧洲、北美洲之间的距离，这意味着传统国际贸易环境将发生重大变迁。

施特伦·威利在2002年就曾经指出，当今发达国家大部分位于北极航道区域内，北极航道未来所能覆盖的贸易量可占到全球的70%。[①] 北极航道将拉近北美洲、欧洲与东亚之间的距离，形成新的国际经贸体系，并借此影响国际地缘政治格局。目前国际贸易的主要航道存在着两方面的问题，苏伊士运河和巴拿马运河日益拥挤，通航吨位严重受限，海运成本日益高涨；马六甲海峡至亚丁湾一线则面临中东局势紧张、索马里海盗猖獗的风险。从这些角度来看，北极航道的通航将会极大降低国际物流成本，拓展国际经济合作新领域。更重要的是，北极航道的通航将会对于马六甲海峡等海运瓶颈扼守全球经贸航道的传统航运模式产生颠覆性的影响，新的国际一体化将会成为未来世界的主题。

（一）北极资源将改变传统的能源、原材料供给方式

北极丰富的资源、能源储备随着开采、运输成本的降低，将改变原有的全球性供给结构。北极的石油、天然气、可燃冰资源储备将造成全球范围液货船市场航向发生改变，严重挑战中东地区在能源供给上的优势地位，挤占其出口贸易额。北极矿石资源、煤炭资源的开发和利用也将挑战传统的出口大国，南非、澳大利亚、巴西等南半球国家在全球贸易中的地位和角色面临弱化风险。谷物农产品的国际贸易格局也将面临新一轮洗牌。

（二）北极航道会促进东亚、欧洲、北美洲三大市场的结合，形成超级市场

欧洲和北美洲市场由于有相对较短的大西洋航线的联系，很长一段时间内保持着大宗的贸易量。相较而言，作为新兴市场的东亚国家与这两大市场之间的贸易往来则明显要受到航线过长的影响，尤其是东亚与欧洲的贸易还受限于苏伊士运河的通航容量。北极航道的开通将有效降低贸易成本，提高贸易效率。以中国为例，北极航道相较于原有航道，将极大缩短中国与环北极国家、北美国家以及欧洲国家之间的贸易距离，相较于途经苏伊士运河的航道，航线距离平均缩短 25.5%，相较于途经巴拿马运河的航道，航线距离平均缩短 38.98%。日本、韩国两国也将借助北极航道缩短与欧洲国家之间的航运距离。北极航道最重要的潜在意义就在于拉近了东亚与欧洲这两大经济体之间的贸易距离，从而改变既有的国际贸易格局。

（三）北极航道将通过缩短贸易距离而促进全球贸易总量

有关北极航道对全球贸易的影响，不论是理论分析还是实证研究都证明航道开辟将显著促进全球贸易总量的提升。在传统的研究模型中，不论是进口贸易还是出口贸易，以吨计的全球贸易量和以吨/千米计的全球贸易量表征距离对贸易产生了显著的副作用，这就更加加强了中日韩等近北极国家要求参与北极事务、争取更多北极资源的理论支持和客观要求。[①]

（四）北极航道将大幅度提高中国、日本、韩国、德国等的前沿贸易量，促进对应国家间贸易发展，进一步提高东亚在全球贸易格局中的重要地位

经北极航道，中国与航运距离缩短的部分国家最大进出口总额平均可提高 9.83%，最大进口总额平均可提高 17.38%，最大出口总额平均可提高 6.11%。研究表明，北极航道大大提升了国际贸易的通勤效率，但对不同地区的

---

① 刘惠荣，陈奕彤.北极理事会的亚洲观察员与北极治理［J］.武汉大学学报（哲学社会科学版），2014，67（3）：45-50.

影响也不一样，对整个欧洲的影响比较小，对中国、日本、韩国的影响则要大得多，尤其是中国的出口贸易。中日韩贸易量的加大，将挤占其他国家的贸易空间。

北极航道的常规通航，将不仅拉近东亚尤其是中国与欧洲、北美洲之间的航运距离，对于全球贸易格局也将产生重大影响。当今发达国家大部分处于北极航道区域内，涉及70%左右的国际贸易，北极航道将拉近北美洲、欧洲大部、东亚的距离，形成超级经济体，影响整个世界地缘政治和经济贸易格局。长期来看，北极航道不仅可以避开远洋贸易的高风险地区，而且尤为适合大吨位船舶的通行。因此，在中东地区政治不稳定、索马里海盗猖獗、苏伊士运河和巴拿马运河日益拥挤、海运成本不断上涨的情况下，北极航道的开通不仅能使我国远洋贸易避开这些高风险海区，而且对于我国打开能源贸易的新格局，拓展国际经济合作新领域也大有裨益。

第二章

初具规模:
中国极地事业的起步与发展

中国的极地考察事业是从改革开放之后逐步发展起来的，而且是从南极考察事业开始的。在整个20世纪80年代，我国极地考察事业聚焦南极考察，以南极考察支撑能力、南极考察站、南极考察队伍等基础工程建设为主开展工作，同时还开展一些力所能及的南极科学考察与研究工作，为下一阶段我国极地科考事业的发展壮大打下了厚实的基础。

第一节

极地意识在中国的觉醒，
极地事业写入国家规划

初具规模：中国极地事业的起步与发展

　　新中国成立之初，百废待兴，限于国力，极地事业尚未进入国家议事日程。新中国政府参与国际极地事务，可以追溯到1957年开始的IGY。1957年7月至1958年12月举行的IGY，是在全世界范围内开展的首次大规模国际科学合作，不仅非常成功，取得了丰硕的科学成果，而且影响极为深远，对推动国际社会在1959年签订《南极条约》产生了直接的重大影响。

　　1952年，国际科学联盟理事会（以下简称"国际科联"，现为国际科学理事会）特别委员会致函中国科学院，希望中国参与IGY的各项活动，并组织一个国别委员会具体负责筹备观测活动。中国方面高度重视，经过反复讨论后，"大家一致的意见，是我国是否参加应取决于苏联是否参加。"①

---

① 张九辰，王作跃.首次国际地球物理年与一个中国的原则［J］.科学文化评论，2009（6）：69 - 81.

1955 年 3 月，苏联给所有社会主义国家发函，确认苏联正式参与 IGY 各项活动，苏联科学院已经组建了国际地球物理年委员会，并询问各国是否参与。在得知苏联的明确态度后，中国科学院于 1955 年 6 月召开的第 26 次和第 29 次院务常务会议上，讨论了参与 IGY 活动的意义，并决定参与 IGY 的活动。会后，随即成立了中国国际地球物理年委员会，由竺可桢担任委员会主任。在该委员会的领导下，中国全面启动参与 IGY 的有关工作。竺可桢于 1957 年 2 月 19 日在《人民日报》发表《国际地球物理年的组织和国际科学合作》一文，介绍了中国的参与情况，指出"这次国际地球物理年，我国正式参加的将限于气象学、地磁学、游离层、太阳活动、宇宙线、经纬度测定和地震学七个项目。"①然而，由于美国操纵台湾介入 IGY，中国政府为维护国家主权，于 1957 年 6 月正式决定退出 IGY。

虽然中国政府为维护国家主权，在 IGY 活动正式开始前夕宣布退出，但中国政府参与此项工作、积极组织地球物理观测与研究的活动并没有停下来。不仅如此，中国方面还十分重视 IGY 的各种动向，科学杂志、科普期刊、主流媒体都大量报道和介绍 IGY 的活动进展情况，特别是以苏联为首的社会主义国家所取得的科学成就，并与苏联等社会主义国家开展共享观测资料等科学交流活动。由于国

---

① 竺可桢. 国际地球物理年的组织和国际科学合作 [N]. 人民日报，1957 - 02 - 19（7）.

际联合开展极地科考是 IGY 的主要内容之一，中国虽然为维护国家主权而没有加入其中，但是对这次大规模的极地科学考察活动仍非常关注，官方媒体《人民日报》等对此有着高频报道。

《人民日报》对苏联的极地考察持高度关注。笔者检索了 1950—1960 年期间的《人民日报》网络资料库，检索到涉及南、北极的报道文章有近 200 篇，其中绝大部分都是关于苏联在南、北极的科考活动报道。在 1955 年之前，《人民日报》的报道主要聚焦在苏联于北极的活动，因为在此之前苏联政府并没有组织强大的力量进入南极，而是重点开展对自家后院——北极的考察。1954 年 8 月，苏联决定加入 IGY，并决定对南极展开大规模考察，相关准备工作由此展开。对此《人民日报》也随即跟进报道。总的来说，《人民日报》对苏联南、北极考察的报道是及时、广泛、深入的。但是，《人民日报》对苏联南、北极考察的报道也体现出不同的侧重点：对苏联南极考察的报道更加强调科学合作精神和苏联科学家南极考察取得的成就；而对苏联北极考察的报道则聚焦于苏联在北极的利益及其与美国等西方国家的冲突。

《人民日报》对苏联南极考察活动的报道有着鲜明的特点。第一，正面宣传报道苏联南极考察的科学意义，肯定苏联南极考察取得的成就和对国际社会的贡献。第二，突出了苏联南极考察活动的和平目的和国际合作精神。类似

《春到南极　鸟儿歌声在荡漾　海豹冰上晒太阳》[①] 这样的文章，主要渲染南极考察活动是为了人类更好认识地球、保护地球的和平目的；类似《不顾南极严寒　冲破层层坚冰　苏联"鄂毕号"营救遇险日船》[②] 这样的文章，则赞扬了南极考察活动中的国际合作精神；《南极"和平村"一片和平气象　美澳科学家对苏联研究工作规模惊羡不已》的文章报道说："苏联在南极的主要科学基地'和平村'，最近分别接待了美国和澳大利亚科学家，基地上设备的齐全，引起这两个国家的科学家的赞叹和羡慕。"[③] 类似文章在肯定苏联南极科考成就的同时，同样表现出南极科考活动的和平、合作精神与目的。这种报道的导向，显然是与IGY的精神高度一致的。这也表明，虽然中国政府因为IGY秘书处错误处理中国台湾问题而退出IGY的组织和活动，但中国政府对开展国际科学合作与交流，应对人类面临的共同问题的精神是高度认同的。

如果说《人民日报》对苏联南极考察活动的报道，更多的是在回应IGY的宗旨和精神，是在宣传苏联南极科考成就、传播南极科学知识、树立南极科考国际合作精神，那么《人民日报》对苏联北极各种活动的报道，则较少提

① 新华社.春到南极　鸟儿歌声在荡漾　海豹冰上晒太阳 [N].人民日报，1956-10-18 (5).
② 新华社.不顾南极严寒　冲破层层坚冰　苏联"鄂毕号"营救遇险日船 [N].人民日报，1957-03-03 (5).
③ 新华社.南极"和平村"一片和平气象　美澳科学家对苏联研究工作规模惊羡不已 [N].人民日报，1958-02-09 (6).

及 IGY，更多的是介绍苏联在北极的事实性存在及其利益以及北极的国际争端。这是符合当时的客观情况的，毕竟苏联本身就是重要的环北极国家之一，在北极国际事务中发挥着重要作用。

除《人民日报》之外，在 IGY 期间，国际社会联合开展极地考察活动也引起了我国许多科学杂志、科普杂志甚至生活杂志的极大兴趣，它们刊载了大量有关极地的科学知识，以及国际社会尤其是苏联极地科学考察活动的成就。比如，《地理知识》杂志几乎每期都有多篇关于极地自然地理或极地科学考察的文章，着重介绍了极地的探险历史、自然地理知识及其丰富的资源情况等。这对于中国社会了解极地、认识极地并参与极地事务，同样发挥了重要的启蒙作用。

《人民日报》及科学杂志的这种高频率报道，对于普及极地科学知识、树立极地意识、传播极地科考精神无疑起到了极大的促进作用，为后来中国极地事业的起步与发展奠定了思想基础、做好了思想铺垫。

1962 年，在制订全国科学技术发展规划时，有一些科学家提议中国要进行南极科学考察工作。[①] 1964 年 7 月 22 日，经第二届全国人民代表大会常务委员会第一百二十四次会议批准在国务院下设国家海洋局，这是中国国家海洋

① 武衡，钱志宏.当代中国的南极考察事业 [M].北京：当代中国出版社，1994：30.

事业的一个里程碑。从此，数百年来的"海禁"政策被彻底清算，中国不再只专注于内陆，开始将目光投向浩瀚的海洋。在赋予国家海洋局的6项任务中，有一项任务显得与众不同，格外醒目，那就是"将来进行的南、北极海洋考察工作"①。在国家海洋局成立伊始，就将南、北极考察列入其未来重要工作内容之一，无疑是一项具有远见卓识的决定。1977年5月25日，国家海洋局提出了"查清中国海、进军三大洋、登上南极洲"的目标。至此，伴随着中国极地意识的觉醒，极地考察事业正式进入中国政府的议事日程。

---

① 武衡，钱志宏. 当代中国的南极考察事业［M］. 北京：当代中国出版社，1994：30.

第二节

南极考察纳入国家战略，
国家南极考察委员会成立

　　首次将极地考察事业纳入国家战略规划是在 1977 年。1977 年 5 月 25 日，中国共产党国家海洋局党委常委扩大会议上提出"查清中国海、进军三大洋、登上南极洲"的奋斗目标，开展南极考察正式进入中国政府的议事日程。6 月 29 日，国家海洋局南极考察船筹建工作组草拟了"关于南极考察船技术任务书的初步设想"① 但由于各种具体问题特别是财政上的困难，这一设想未能如愿以偿。与此同时，国家海洋局委托海洋科技情报研究所，从事国外南极考察方面的情报研究，为决策提供参考。

　　1978 年初，中国科学院海洋研究所曾呈奎教授写信给方毅副总理，建议中国要积极开展南极考察工作。信中说，

---

① 国家海洋局极地考察办公室. 中国极地考察事业大事记［Z］. 北京：国家海洋局极地考察办公室，1999.

下次国际地球物理年将于 1982 年举行，重点任务之一是南极考察，中国作为一个拥有世界人口四分之一的大国，理应积极参加这项工作，为将来两极资源的开发利用准备条件。方毅副总理于同年 6 月 26 日批示："南极考察是一个大项目，由国家海洋局研究实施。"①

开展南极考察是一项庞大的系统工程，在当时的情况下，国家海洋局难以单独完成南极考察的重任，需要各个部门的支持和配合。在此背景下，国家海洋局经过认真研究，于 1978 年 8 月 21 日向主管部门国家科学技术委员会（以下简称"国家科委"）提交了《关于开展南极考察工作的报告》。该报告陈述了开展南极考察的重大意义，同时建议国家科委召集有关部门开会，讨论成立国家南极考察委员会，听取各单位对南极考察工作的意见，商定中国首次南极考察工作方案，研究南极考察船的建造或购买问题，草拟关于开展南极考察向国务院的报告。②

1978 年 10 月 10 日，国家海洋局向国务院提交了《关于开展南极考察工作的请示报告》。请示报告对南极考察的意义、考察的主要内容、考察的步骤和时间，以及考察的组织领导等问题做了说明并提出了建议。10 月 26 日，中共中央和国务院领导人圈阅了国家海洋局的这个请示报告，

① 武衡，钱志宏. 当代中国的南极考察事业［M］. 北京：当代中国出版社，1994：3.
② 同上。

方毅副总理批示："拟同意，积极准备，82年不一定死，到时再看。"① 可见，中央领导人对此事是非常重视的，特别是方毅副总理，大力支持开展南极考察工作。这样，开展南极考察就从动议正式转化为国家决策，相关准备工作陆续展开，其中组织领导机构和涉外问题是龙头，最为关键。

1979年4月12日，国家科委副主任赵东宛就国家科委二局的书面请示作出批示意见："根据我国经济状况及技术条件，今后若干年内由我们自己买船或造船组织去南极考察是很困难的。拟同意先派少数几位专家和友好国家合作，乘他们的船去南极考察，这样花钱少，又可取得经验。"方毅副总理在4月13日就赵东宛的批示意见批示："具体办法请海洋局报国务院。"② 在这一方针政策的指导下，接下来的几年，我国派遣了不少科技工作者到友好国家随队参与南极考察，为我国南极考察积累了经验。

1979年10月，外交部、国家科委和国家海洋局联名向国务院提出《关于南极考察涉外问题的请示》（以下简称《请示》），并经国务院批准下达。《请示》提出当前南极有领土主权的争议，资源开发的争议，以及我国参加《南极条约》和南极研究科学委员会与各国开展交流、合作等

① 国家海洋局极地考察办公室.中国极地考察事业大事记［Z］.北京：国家海洋局极地考察办公室，1999.

② 同上。

问题。明确我国开展南极考察工作是为了解和认识南极，为人类和平利用南极作出贡献，"我们愿意向进行过南极考察的各国学习这方面的经验"，研究加入《南极条约》以及其他有关国际协定的问题，开展与有关国家的合作与交流。[①] 在此方针下，我国积极开展对外交流，一方面学习他国南极考察经验，提高自身水平；另一方面加强沟通协调，解决前往南极考察可能遇到的涉外问题。

1980 年 5 月 20 日，国家科委召集国家计划委员会（以下简称"国家计委"）、外交部、财政部、国家海洋局、中国科学院等 19 个部、委、局的领导，开会商讨成立国家南极考察委员会的有关事宜。会上，各部门一致赞成开展南极考察工作，并同意成立国家南极考察委员会。会后，经国家科委多次与有关部门协商，又于 1981 年 1 月 20 日召集有关部门负责人开会，拟议成立国家南极考察委员会。根据这次会议精神，2 月 4 日，国家科委向国务院提交了《关于成立国家南极考察委员会的报告》。[②] 至此，成立国家南极考察事业领导机构正式进入决策程序。

1981 年 5 月 11 日，国务院副总理方毅就国家科委提交的《关于成立国家南极考察委员会的报告》作出批示："拟同意。我国已两次派人去南极考察，澳大利亚等国对我

---

① 武衡. 科技战线五十年［M］. 北京：科学技术文献出版社，1992：544.
② 武衡，钱志宏. 当代中国的南极考察事业［M］. 北京：当代中国出版社，1994：32.

友好协助，目前尚有人在南极。"① 万里、姚依林、姬鹏飞圈阅同意。至此，中国南极考察事业的领导机构——国家南极考察委员会正式成立，标志着南极考察事业在中国的酝酿时期的结束，也标志着即将进行的南极考察活动的开始。

国家南极考察委员会（以下简称"南极委"）直属国务院领导，其成员由国家科委、外交部、中国科学院、中国人民解放军海军、国家海洋局等 19 个单位 21 名成员组成，国家科委副主任武衡担任主任。由此可见，南极委规格之高。之所以这样安排，是因为在改革开放之初，开展南极考察是一项开创性的事业，单一部门难以完成，必须在国务院领导下设立一个既具有决策权又具有协调能力的机构，统一领导、组织、推动南极考察工作。南极委是国家在南极考察、研究工作方面的领导机构，其职能是②：

研究中国南极考察工作中的重大问题，向国务院提出建议；统一领导中国的南极考察，研究和处理国内外有关事项。

制订中国南极考察工作的规划、计划。

负责向国家申请南极考察工作所需经费，并负责分配

---

① 国家海洋局极地考察办公室.中国极地考察事业大事记［Z］.北京：国家海洋局极地考察办公室，1999.
② 武衡，钱志宏.当代中国的南极考察事业［M］.北京：当代中国出版社，1994：33.

给有关部门。

负责组织中国与南极考察国际组织和各国南极考察组织的往来合作。

1981年7月21日，国务院办公厅通知国家科委，并附送国务院颁发的"中华人民共和国国家南极考察委员会"印章一枚。同年9月15日设立了日常办事机构——国家南极考察委员会办公室（以下简称"南极办"），由国家海洋局代管。南极办在南极委和国家海洋局的领导下，开始积极筹划中国的南极考察工作。1982年5月20日，南极委编制出南极考察工作"六五"计划及10年设想。"六五"期间主要是在南极洲建立夏季考察站等项目，预计投资2 830万元和86万美元。1983年5月6日，国家科委、南极委、外交部、财政部、劳动人事部、国家计委和国家海洋局联合向国务院提出包括中国南极考察工作"六五"和"七五"计划总体设想的《关于我国南极科学考察的筹备工作报告》。

第三节

首次南极考察成功实施，
建立中国南极长城站

南极委成立后，中国首次南极考察的准备工作就成为当务之急和重中之重。南极委从学习国外南极考察经验、科学制订实施方案等多个方面积极准备，并于1984年成功实现中国首次南极考察，建立中国南极长城站。

一、学习国外南极考察经验

中国地处北半球，距离南极十分遥远，南极自然条件十分恶劣，而且千百年来中国人没有驾船去过南极，完全没有南极考察经验。到了20世纪80年代，世界上已经有许多国家考察过南极并在南极建有常年考察站，已拥有较为成熟的南极考察经验。因此，在我国南极事业的起步阶段，学习国外南极考察经验不失为上佳的选择。南极委采取了派团出访、邀请国外南极专家来华访问和选派科技人员到国外南极考察站学习的办法，对从事南极考察较早的、经验丰富的国家，如日本、澳大利亚、阿根廷、新西兰、智利等，进行了较为广泛和深入的考察。

首先，派团出访，学习南极考察大国的先进经验。在1984年10月我国首次开展南极考察之前，南极委派出多个代表团赴外考察学习（见表2-1）。

表2-1　南极委派出多个代表团赴外考察学习

时　间	代表团组成	考察国家	考　察　内　容
1982年1月26日至2月9日	以郭琨为组长的4人代表团	智利、阿根廷	对智利和阿根廷的南极机构，南极站的建筑、主要装备、生活设施和管理经验，科学考察项目、内容水平和长远目标等进行了全面考察，并且探索了今后开展政府间合作的可能性及其方式，以便为中国在西南极建站做准备
1982年11月5日至26日	以南极委副主任、国家海洋局副局长律巍为团长的5人代表团	日本	对日本南极考察的仪器设备、服装、食品、房屋建筑、通信设备、取暖系统、运输车辆、燃料与储存、船舶性能、飞机种类等进行了全面考察。同时，系统了解了日本南极考察的管理体制、研究机构、南极考察规划、经费预算及后勤保障等
1982年11月21日至12月19日	以南极委主任武衡为团长的4人代表团	新西兰、澳大利亚	比较系统地了解了两国的南极考察进展和南极站的建筑、装备、仪器设备，以及后勤保障和管理方面的情况
1983年8月27日至9月23日	以汪龙文为团长的5人代表团	英国	了解了英国的南极考察机构、管理体制、科学规划、重点研究课题和取得的重大成果。同时，了解了英国南极考察使用的装备、仪器设备，搜集了一些情报资料

时　间	代表团组成	考察国家	考　察　内　容
1984年1月14日至2月19日	以南极委副主任、国家海洋局局长罗钰如为团长的4人代表团	阿根廷	访问了阿根廷的南极机构，并随"天堂湾"号抗冰船参观访问了阿根廷的南极站。这次访问，不仅学习了阿根廷的南极考察经验，还对南极半岛地区和南设得兰群岛的自然环境有了感性认识，为中国在西南极选择建站站址提供了依据
1984年7月9日至8月2日	以南极委主任武衡为团长的5人代表团	日本、美国	参观访问了日本极地研究所和美国国家科学基金会南极规划局。对南极考察的具体组队、实施方法、运输工具、仪器设备等进行了深入细致的了解

资料来源：《当代中国的南极考察事业》《中国极地考察事业大事记》。

其次，邀请国外南极专家来华访问。1981—1984年，我国先后邀请日本、澳大利亚、阿根廷、英国、智利、美国等国家的南极专家学者来华访问。他们在访华期间通过座谈会、学术报告等形式，向中国介绍他们国家的南极考察概况、南极科学研究进展、南极建站经验等，为我国即将进行的南极考察工作提供了多方面的帮助和指导。特别是中国与日本、澳大利亚的交流最多，两国南极专家多次来华，交流经验。根据《当代中国的南极考察事业》《中国极地考察事业大事记》，在1984年中国首次南极考察之前，日本、澳大利亚南极专家对华访问情况如下：

1979年6月23日至7月11日，日本极地研究振兴会常务理事、事务局局长鸟居铁也和日本极地研究所副所长村山雅美等3人，来华向中国介绍了南极概况、日本南极考察现状，举行了报告会，还赠送了南极资料、幻灯片、电影和南极考察服装。

1980年9月8日，澳大利亚科学与环境部南极局局长克拉伦斯·麦丘在访华期间，举行了多次学术报告会和座谈会。9月16日，克拉伦斯·麦丘局长与国家海洋局局长罗钰如、中国科学院五局局长王遵级举行会谈，双方达成了深入合作的意向并签署了合作备忘录。该备忘录主要内容是：澳方邀请董兆乾、张青松到澳大利亚随船和住站考察；以后每年邀请2~3名中国科学家到澳随船和住站考察；邀请中国派员赴澳工作学习一年。9月18日，国务院副总理方毅接见了克拉伦斯·麦丘局长。

1981年7月9日至20日，日本学者鸟居铁也等4人代表团来华，商谈了中国科学家赴南极考察事宜。

1981年10月8日至20日，日本极地研究所所长永田武等3人访华，与中国南极委商谈有关南极考察事宜，建议中国派遣1~2名组织管理人员到日本极地研究所学习。10月11日，国务院副总理方毅接见了永田武一行。

1982年5月2日至16日，克拉伦斯·麦丘再次访华，参观访问了中国科学院地质研究所、兰州冰川冻土研究所、兰州高原大气物理研究所、国家海洋局第二海洋研究所和"向阳红10"号科学考察船，举行了学术报告会和座谈会，并向中国赠送了南极研究文献资料。国务院副总理方毅接见了克拉伦斯·麦丘局长。

1982年7月14日至23日，日本学者鸟居铁也、弘前大学副教授中谷周访华。

1983年10月4日至19日，日本极地研究所松田达朗等4人访华。代表团向中国介绍了日本南极考察的经验和教训，与南极委商讨了两国南极考察的合作问题，并作了学术报告，赠送了图书资料。

1984年9月27日至10月12日，日本学者鸟居铁也等5人访华，到青海盐湖进行科学考察。

1984年10月6日至21日，日本极地研究所前晋尔、村越望访华，帮助中国训练首次南极考察队。

最后，选派科技人员到国外南极考察站学习。其实，在南极委成立之前，已经有中国人借助友好国家的平台，登上了南极洲。1979年1月15日至2月3日，新华社驻智利记者金仁伯，访问了智利在南极半岛上建立的3个考察站，以及苏联的别林斯高晋站和阿根廷的奥卡达斯站。金仁伯由此成为到南极洲采访的第一位中国记者。[①] 1980年1月6日至3月18日，应澳大利亚南极局邀请，中国政府选派董兆乾和张青松两人首次赴澳大利亚南极凯西站进行为期47天的科学考察与访问。他们还访问了美国的麦克默多站、新西兰的斯科特站和法国的迪·迪尔维尔站，他们

---

① 国家海洋局极地考察办公室.中国极地考察事业大事记［Z］.北京：国家海洋局极地考察办公室，1999.

也由此成为第一批登上南极大陆的中国科学家。他们在南极考察期间，一方面了解了南极科考站的建筑、通信设备、运输工具、生活设施、后勤保障等，另一方面也了解了相关研究项目与仪器等，并参与了一些科考项目，取得了第一批南极科学资料、数据和样品。董兆乾还拍摄了一部名为《南极之行》① 的纪录片。他们提交了 5 万余字的考察报告。这些成果，在中国南极考察的准备工作中发挥了重要作用。1980 年底，董兆乾又被派到澳大利亚南极考察船上，参加澳大利亚执行的"首次国际南极海洋系统和储量的生物调查试验"中的水文调查，张青松则被派往澳大利亚，在南极戴维斯站越冬。

南极委成立后，进一步加大了派出力度，至 1984 年 10 月中国首次赴南极考察之前，南极委先后派谢自楚、颜其德、吕培顶、卞林根、钱嵩林、王声远、蒋加伦、秦大河等 20 多名科学家，分别到澳大利亚的凯西站、莫森站、戴维斯站和南极考察船"内拉顿"号，新西兰的斯科特站，阿根廷的马兰比奥站、布朗站，智利的马尔什站和尤巴尼站，进行夏季科学考察或越冬考察，从事高空大气物理学、冰川学、气象学、生物学、地质学、海洋地球物理学和地球化学等方面的科学考察。② 选派科技人员赴国外南极考察

---

① 国家海洋局极地考察办公室.中国极地考察事业大事记［Z］.北京：国家海洋局极地考察办公室，1999.
② 武衡，钱志宏.当代中国的南极考察事业［M］.北京：当代中国出版社，1994：36–38.

站与国外专家合作进行南极科学考察，其意义也十分重大，为我国独立组队开展南极考察积累了经验，培养了人才。

二、首次南极考察的准备与决策

南极委成立后，首次南极考察的准备工作也提上了日程。一方面向其他国家学习经验、引进设备；另一方面国内也精心谋划，对中国南极考察站的站址初选、交通运输工具、建站物资、考察队伍组成等进行充分的准备。

（一）南极考察站建站站址的选择

中国开展南极考察，首要任务就是建立中国南极考察站，这是中国首次南极考察的首要目标。但是，在当时的情况下，由于我国还没有破冰船，因此要想登上东南极显然要冒极大的风险，并且靠不了岸，何谈建站。为确保安全，南极委暂时把视线转向了西南极的南极半岛和南设得兰群岛。1984年2月24至26日，国家海洋局在北京召开"我国首次南大洋和南极洲考察总体方案论证会"，由总体方案执笔者——颜其德向大会做总体方案设计汇报。根据南极委副主任、国家海洋局局长罗钰如率团于1984年初随阿根廷抗冰船"天堂湾"号考察南极的体会，在南极半岛上建站有很大困难，特别是冰情严重，我国当时的科学考察船仍靠不了岸。会后，根据会议要求，由颜其德负责对总体方案进一步修改后再报国家海洋局。6月，方案由国家海洋局、南极委、国家科委、中国人民解放军海军和外交部等部委联合上报国务院，于6月25日获批。自此，我国首次南极考察建站工作正式拉开序幕，南极委选定南设得兰群岛作为中国第一个南极站的站址①，站址的具体位置则由首次南极考察队抵达南设得兰群岛进行实地勘察后再确定。

（二）抵达南极洲的交通运输工具

根据国际经验，要开展南极考察，把南极考察所需的各种物资设备和人员运送到南极洲，一般来说要通过具有破冰，至少是具有冰区加强能力的极地考察船来实现。国家海洋局早在1977年就着手南极考察船的方案论证工作，但因为各种具体问题及财政上的困难，未能如愿以偿。国务院对总体方案批复后，首次南极考察工作进入实质性的组织实施阶段，此时，南极考察船就成了最为关键且棘手的难题。据颜其德回顾，当时有三种方案：买船，租船，改船（初步选定的是"向阳红10"号科学考察船）。前两种方案限于国家财政问题且时间紧张，不可能考虑，第三种方案也限于时间和国内技术问题难于实施。为尽快落实考察船问题，南极委和国家海洋局决定在上海召开一次"中国首次南极考察科考船研讨会"，国家海洋局东海分局、国家海洋局第二海洋研究所和上海船舶检验局的海洋与船舶专业人员与会。颜其德受南极办领导指派赴会介绍首次南极考察总体方案及用船需求，经过2天的讨论后，最后

① 国家海洋局极地考察办公室.中国极地考察事业大事记［Z］.北京：国家海洋局极地考察办公室，1999.

与会专家达成共识：根据当时的情况，综合权衡使用"向阳红10"号科学考察船是最佳的选择。该船系万吨级远洋科学考察船，可以在冰区以外的任何海区航行作业，可承担世界各大洋的海洋科学综合考察任务，续航能力为18 000海里，可运输2 000立方米货物，通信导航设备比较先进，远洋科学考察仪器设备比较完善，进行适当的改装和维修，可以承担前往南极少冰海区的航海任务。该船由中国船舶工业集团有限公司第七〇八研究所设计、上海江南造船厂建造，1978年下水，隶属于国家海洋局东海分局。[1] 为了确保万无一失，南极委经与中国人民解放军海军商量，由中国人民解放军海军派出"J121"号打捞救生船共同组队。"J121"号是中国人民解放军海军的打捞救生船，与"向阳红10"号的基本参数相同，是同出一厂的姐妹船，其打捞救生设备比较齐全，曾执行过海上军事演习和海上救援等重大任务，这次加入编队远航南极，是中国人民解放军海军官兵首次跨越太平洋训练、参与南极考察建站等工作的难得良机。

（三）南极考察站建站的物资准备

南极是不毛之地，冰天雪地。要在"远在天边"的南极建站和开展科学考察，就必须在国内把建站物资准备充分，主要从房屋、动力设备、通信设备、生活用品等方面

---

[1]　国家海洋局极地考察办公室. 中国极地考察事业大事记［Z］. 北京：国家海洋局极地考察办公室，1999.

进行准备。首先是房屋，这是考察站人员赖以生存的基本条件。根据南极气候严寒的特点，房屋要求具备保温性能好、防风力强，尤其是要防渗漏和冷桥等特点；房屋建造采用高架式，以便风吹雪可以从房屋上空和地下通过而使房屋不至于被雪覆盖埋在地下。为了现场可以高效施工，采用预制组件的方式，在国内把房屋的所有组件预制好，到南极洲后就可在短时间内组装起来。其次是动力设备，它被视为南极考察站的心脏，为考察站提供能源用以照明、取暖。再次是通信设备，这是南极考察站的耳目，对于保持南极考察站与外界的沟通十分重要。最后是各类生活用品的准备，包括御寒服、防寒靴、食品、饮用水等等。在全国有关部门的大力支持下，首次南极考察共筹集建站和科学考察用的4 000多种、共计500多吨物资①，为首次南极考察奠定了良好的物质基础。

（四）南极考察队伍的组建

首次南极考察，万众瞩目。组织一支高素质的考察队伍，选配一个坚强的领导班子，是顺利完成首次南极考察任务的重要保证。为此，南极委制定了南极考察队队员选拔标准，对考察队队员进行了严格挑选。经选拔，共有591名队员组成了中国首次南极考察队，其中"向阳红10"号科学考察船155人，"J121"号打捞救生船308人，南极洲

---

① 国家海洋局极地考察办公室.中国极地考察事业大事记［Z］.北京：国家海洋局极地考察办公室，1999.

考察队（亦称建站队）54人，南大洋考察队（亦称大洋队）74人。此外，新华社、人民日报社、光明日报社、文汇报社、解放日报社、中央人民广播电台、中央电视台、中国新闻纪录电影制片厂、人民画报社、上海科学教育电影制片厂等单位，派出记者、摄影师随考察队赴南极实地采访。[①] 参加首次南极考察的"两船""两队"统一组成"中国首次南极考察编队"，亦称"625编队"，下设指挥组、政治工作组，建立了"中共首次南极考察编队临时委员会"，重大问题由临时党委集体讨论决定。[②]

（五）中国首次南极考察的决策

开展南极考察已是国家决策，但具体何时实施、执行，还需要有一个契机去触发。1983年5月6日，国家科委、南极委、外交部、财政部、劳动人事部、国家计委和国家海洋局联合向国务院提出了《关于我国南极科学考察的筹备工作报告》，对我国独立组队赴南极建站和考察进行请示。1984年2月7日，王富葆、孙鸿烈、谢自楚等32位获得竺可桢野外科学工作奖的科学家以"向南极进军——致党中央、国务院书"为题，联名致信中共中央和国务院，建议中国到南极洲建立考察站，开展南极科学考察活动。他们认为，组建南极考察队，建立常年考察站，建立相应

的研究机构，条件已完全成熟。他们虽然已进入中年或老年，但"仍然愿意作进军南极的马前卒，为祖国、为子孙后代再作一次拼搏。只要中央作出决定，随时听从祖国的召唤。"[1] 最终，国务院领导作了同意在南极洲建站和进行科学考察的批示，而这封信也起到了重要作用。根据有关档案披露，国务院领导人其实对此事还是比较谨慎的，但最终还是下了去南极考察建站的决心，其关键点在财政经费问题上。4 月 26 日，中共中央政治局常委、书记处书记胡启立就 32 名科学工作者联名致党中央、国务院的信写了批示："李鹏同志，虽然方毅同志已经批示，还想送你，再看一看。印度也搞了独立的站。中国这样大国理应也有自己的。在将来争夺南极斗争中取得一个立足之地。问题是经费，科学家们估算十年要 1.1 亿元，每年 1 千余万元。我对这个数字心中完全无底。如真这样，不是不可考虑。另一个问题是对我国四化建设有什么实际作用？放着国内许多地方不开发，跑到南极去花钱，人们也会提出不同意见。请你再想一想，最后报紫阳同志。"[2] 5 月 3 日，赵紫阳总理批示："我基本同意东宛同志意见。前年就有一个报告，我一直压着未批。当然如果只要 2 000 万元么，就可建一个无人站，我也同意，但一定要计算得准确些。"[3] 可

① 武衡.科技战线五十年［M］.北京：科学技术文献出版社，1992：547.
② 国家海洋局极地考察办公室.中国极地考察事业大事记［Z］.北京：国家海洋局极地考察办公室，1999.
③ 同上。

见，在改革开放之初，国家财政较为困难的条件下，启动南极考察工作是一件很不容易的事情。

当年 6 月 12 日，在赴南极考察各方面准备工作有序顺利进行的时候，根据党中央和国务院同意在南极建站的批示，南极委、国家科委、中国人民解放军海军、外交部和国家海洋局向国务院和中央军委提交了《关于中国在南极洲建站和进行南大洋、南极洲科学考察的报告》，建议选用国家海洋局的"向阳红 10"号科学考察船和中国人民解放军海军的"J121"号打捞救生船组成一个船队，执行南大洋和南极洲考察任务，并对首次南极考察的组织领导、建站地址、考察的重点区域和主要项目，以及经费等问题进行了详细说明和周密安排。6 月 25 日，国务院批准了这个报告。① 中国首次南极考察队蓄势待发。

三、首次南极考察的实施与中国南极长城站的建立

南极考察是国家战略，始终受到党中央、国务院的高度关注和亲切关怀。1984 年 10 月 13 日，万里、胡启立等在人民大会堂接见了即将赴南极建站、考察的中国首次南极考察队（以下简称"首次队"）领导和部分人员，听取了首次队领导关于准备工作情况的汇报，并同大家一起合影留念。10 月 15 日，中央军委主席邓小平为首次队题词

① 国家海洋局极地考察办公室. 中国极地考察事业大事记［Z］. 北京：国家海洋局极地考察办公室，1999.

"为人类和平利用南极做出贡献",陈云同志题词"南极向你招手"①。

1984年11月20日,首次队从上海正式起航,驶向南极。"向阳红10"号科学考察船(见图2-1)和"J121"号打捞救生船从上海港起航后,历经艰难航行,驶入太平洋,从北半球穿过台风多发区,驶过赤道,进入南半球,又从东半球进入西半球,闯过西风带,经美洲大陆最南端的合恩角进入大西洋,抵达阿根廷的乌斯怀亚港补给和检修,然后横渡德雷克海峡,于12月26日胜利抵达南极洲乔治王岛麦克斯威尔湾,历时37天,航程11 171海里。

图2-1 "向阳红10"号科学考察船

---

① 武衡,钱志宏.当代中国的南极考察事业 [M].北京:当代中国出版社,1994:50-51.

首次队抵达乔治王岛后，立即按照预案，进行现场选择站址，从12月27日下午开始，在总指挥陈德鸿的率领下，选址组和队员们兵分多路，利用海（交通艇）、陆（沿岛岸步行）、空（直升机）手段，开展了一场瞄准天气、盯着手表、紧张而有序的站址勘察工作。用了3天时间，选址组几乎踏遍了乔治王岛的菲尔德斯半岛（Fields Peninsula）南部，走访了苏联、智利、阿根廷、波兰、乌拉圭等国家的南极考察站并得到了他们的友好接待和帮助；对阿德雷湾、哥林斯湾、爱特莱伊湾、玛丽亚娜湾和纳尔逊岛等地进行了实地踏勘。经过分析对比，筛选出9个预选站址，对其中2个重点地域勘察了多次。而后，由刘小汉、颜其德、陈善敏3人梳理汇总成文，经首次队总指挥陈德鸿向北京南极委主任武衡汇报。最后首次队选中了乔治王岛菲尔德斯半岛南部地区作为中国南极长城的建站地址。1984年12月29日，南极委通过通信卫星，批准了首次队关于建站站址的报告。12月30日，首次队隆重举行了长城站奠基仪式，随后开始抢建卸货码头和突击卸运建站物资。尤其，为在72小时内建成长26米、宽6米、平均高2米的卸货码头，这是一场时间紧迫、设备简陋、血汗交融的冰海拼搏战。首次队党委决定组建一支由颜其德任队长，由20人（建站队和海军官兵中各挑选10人）组成的"抢建卸货码头突击队"。冒着狂风恶浪、在-1℃的冰海中，20名突击队员喝着姜汤、老酒御寒，搏风击浪轮番下海（10

分钟一班）并肩战斗了 60 多个小时，提前完成了任务。就在大家都为抢建卸货码头首战告捷而喜悦时，1 月 6 日，正直十五大潮日，狂风恶浪冲坏了刚建成的卸货码头。正在临时餐厅吃饭的首次队队员，在建站队长郭琨带领下，丢下碗筷，跑步冲向码头，跳入暴风呼啸、冰冷刺骨的海水中，手挽手、肩并肩、用中华儿女的血肉之躯筑成一道人墙，挡住海浪对码头的继续冲击和破坏，冒着被狂浪卷走的危险，从漂浮的海浪中抢回建站物资，后又连续作战，抢修码头，为确保后续卸运建站物资赢得了先机。经过无数个夜以继日的顽强拼搏，1985 年 1 月 20 日，长城站两栋（办公楼、宿舍楼）主体工程施工全面开始，至 2 月 14 日，基本建成长城站。长城站由房屋、发电机组、通信电台、气象站、仓库、机械车辆场和油库等 11 个部分组成。2 月 18 日，以南极委主任武衡为团长的慰问团抵达长城站；2 月 20 日，隆重举行了中国第一个南极考察站——长城站落成典礼，武衡宣读了国务院的贺电，乔治王岛上的智利、阿根廷、巴西、波兰、苏联、乌拉圭等国的南极考察站站长应邀参加了长城站落成典礼。[1] 根据档案史料，现全文照录国务院贺电。

中国南极考察队全体同志：

我国第一个南极科学考察实验基地中国南极长城站，在全国人民欢度新春佳节的日子里胜利建成，国务院特向

---

[1] 武衡，钱志宏.当代中国的南极考察事业［M］.当代中国出版社，1994：62-63.

参加南极考察的全体同志表示最热烈的祝贺和慰问。

中国南极长城站的建成，填补了我国科学事业上的一项空白，标志着我国的极地考察事业发展到一个新的阶段；为我国进一步加强国际科学技术交流与合作、和平利用南极，造福于人类奠定了基础。它对加速地球物理、海洋、气象、通讯技术和宇宙科学等方面的研究，对我国社会主义建设都具有重大意义。

希望你们团结奋斗、克服困难、再接再厉，为人类和平利用南极做出更大的贡献。

国务院

1985 年 2 月 19 日

长城站原计划是夏季站，但长城站建成后，已具备了越冬考察的基本生活条件，首次队提出可以留下部分队员越冬，经南极委主任武衡批准，长城站由原计划的夏季站上升为常年站，8 名越冬队员在越冬站站长颜其德带领下，首次在长城站越冬。① 当年建站当年越冬，这在南极考察史上是少有的。

在卸完建站物资后，"向阳红 10"号科学考察船于 1985 年 1 月 19 日开始进行南大洋考察，于 1 月 24 日在西经 69°15′驶入南极圈，这是中国船舶第一次驶入南极圈。本次南大洋考察的海域在南极半岛西北部海区，考察内容

---

① 武衡.科技战线五十年 [M].北京：科学技术文献出版社，1992：550 - 551.

包括生物、水文、气象、化学、地质、地球物理等学科的23 个项目。通过考察，取得了 10 万平方千米的多学科资料、标本和样品。

首次队在胜利完成建站任务并进行南大洋考察后，除8 名越冬队员外，全部于 1985 年 2 月 28 日随"向阳红 10"号科学考察船撤离长城站，穿越德雷克海峡，再次横渡太平洋，穿过西风带，于 4 月 5 日胜利回到祖国。4 月 10 日，南极委、国家海洋局、中国人民解放军海军东海舰队在上海黄浦江畔举行了隆重的欢迎仪式。5 月 6 日，中国首次南极考察庆功授奖大会在中南海怀仁堂举行，党和国家领导人万里、胡启立、李鹏、习仲勋、彭冲、方毅等出席大会并为相关单位和个人颁奖。国务院副总理李鹏在庆功授奖大会上讲话指出："你们的胜利极大地鼓舞着正在为四化建设奋斗的全国各族人民，你们的开拓精神和克服困难的勇气为我国青年一代树立了学习的榜样。南极科学考察事业对我国来说还是刚刚起步，希望我国科学工作者再接再厉，踏踏实实，奋发努力，使我国的海洋开发利用和极地考察事业有一个较快的发展。"[①]

首次越冬考察队一行 8 人，圆满完成任务后于 12 月7 日回到北京，在首都机场受到南极委主任武衡，国家海洋局、国家气象局和测绘局等领导的热烈欢迎。

---

① 武衡，钱志宏.当代中国的南极考察事业 ［M］.北京：当代中国出版社，1994：70.

第四节

正式加入《南极条约》，
参与南极治理国际合作

081

初具规模：中国极地事业的起步与发展

　　南极地处地球最南端，蛮荒之地，无人居住。在 20 世纪中叶之前，人类进入南极的次数和规模以及对南极的认识程度是有限的，这一状况随着 1957—1958 年的首次 IGY 的举行而改变。首次 IGY 活动的一个直接结果就是导致了《南极条约》的签订，而《南极条约》的签订和生效，则让南极这一"无主之地"纳入了国际社会的治理之中，让南极考察变成了一项国际性事业。中国要进行南极考察，当然不能游离于《南极条约》之外，更不能在南极国际事务中失语，因此，中国必须加入《南极条约》。那么，《南极条约》是怎么回事呢？

一、《南极条约》体系的来龙去脉

　　《南极条约》体系是指《南极条约》和该条约协商国签

订的有关保护南极的公约以及历次协商国会议通过的各项建议措施。除《南极条约》外，其他主要的公约与建议措施包括：1964年的《保护南极动植物议定措施》、1972年的《南极海豹保护公约》、1980年的《南极海洋生物资源养护公约》、1988年6月通过的《南极矿产资源活动管理公约》以及1991年6月在马德里通过的《关于环境保护的南极条约议定书》和"南极环境评估""南极动植物保护""南极废物处理与管理""防止海洋污染""南极特别保护区"5个附件。

1957—1958年的首次IGY让全世界的科学家对南极有了全新的认识，同时也让各有关国家政府和科学家们认识到，南极对人类的可持续发展至关重要，需要继续进行全面深入的科学考察和研究，但南极严酷的自然条件使得任何一个国家都难以办到，只有通过国际合作才能得以实现。

基于上述国际共识，美国政府在1959年5月2日发出倡议，邀请IGY期间在南极洲进行科学考察的其他11个国家，探讨和平利用南极和继续以国际合作方式开展南极考察的可能性。6月3日，12个国家的代表在美国华盛顿举行了第一次预备会议，后来又举行了多次会议，于当年12月1日一致通过并签署了《南极条约》，该条约经12个缔约国政府批准后，于1961年6月23日开始生效，并对联合国一切成员国开放。①

---

① 武衡，钱志宏.当代中国的南极考察事业［M］.北京：当代中国出版社，1994：414.

《南极条约》的基本原则是，南极仅用于和平目的，不成为国际纠纷的场所或对象，为了进行科学研究和实现其他和平目标，虽然可以使用军事人员、军事装备和军事物资，但禁止开展任何军事活动；为了回避南极历史上存在的悬而未决的领土要求问题，而致力于使该大陆成为纯科学研究的圣地，该条约采取了冻结领土要求的做法，也就是说对于一些国家的南极主权主张，《南极条约》既不承认也不否认。这种处理，巧妙地避开了国际争端，让南极真正用于人类和平目的，促进国际在科学方面的合作。

《南极条约》规定，其12个原始缔约国有权派代表参加南极条约协商会议，有表决权，是当然的协商国。会议决议或建议是采取"协商一致"原则，说明任何协商国都有"一票否决权"。虽然《南极条约》是开放的，欢迎其他国家加入，但对新缔约加入的国家的要求是很高的。新缔约国不具备当然的协商国地位，根据条约规定，只有在南极进行了实质性的科学考察活动之后，并经特别协商会议讨论，确认其具备了协商国的资格，才有权派正式代表参加协商会议，拥有表决权。也就是说，一个国家如果没有进行实质性的南极考察，即便参加南极条约协商会议，也仅仅是列席，而不具有表决权。1983年9月13日至27日，第12届南极条约协商会议在澳大利亚堪培拉举行，中国代表团以观察员身份出席了会议，这是中国第一次参加南极条约协商会议。会议讨论了指定特别科学保护区、南极气象与通信等问题。每当会议讨论到实质性内容或进入表决的时候，包括中国在内的非协商国代表都要退席。这让郭琨等中国代表团成员非常感慨，立志中国人一定要到南极建站考察。①

《南极条约》签署以来，各协商国在该条约基础上，又先后签署了《保护南极动植物议定措施》《南极海豹保护公约》《南极海洋生物资源养护公约》等。《南极条约》和这些以其为基础的公约和建议措施形成了一个体系，即《南极条约》体系。随着人类对南极认识的深入和各种新情况新问题的出现，《南极条约》体系也必将逐渐扩大和丰富。《南极条约》的实施及其产生的实质性影响，是通过南极条约协商会议实现的。南极条约协商会议每两年举行一次（现在是每年一次），目的在于协商南极事务，互通情报，拟定、审议并向各国政府推荐促进实现该条约的原则及目标的措施。每次会议讨论的主要问题与会代表如一致同意，就以建议的形式列入会议文件，在得到各协商国政府的批准后生效。

二、加入《南极条约》

南极考察是一项国际性的事业。南极国际事务及其治理的根本依托是《南极条约》以及南极条约协商会议。因

---

① 武衡，钱志宏. 当代中国的南极考察事业［M］. 北京：当代中国出版社，1994：418.

此，中国要开展南极考察，就必须加入《南极条约》，成为南极条约协商国。基于这一认识，1983 年 3 月，南极委、外交部、国家科委和国家海洋局联合向全国人民代表大会提出了中国加入《南极条约》的建议。① 5 月 9 日，第五届全国人民代表大会常务委员会第二十七次会议通过了中国加入《南极条约》的决议。6 月 8 日，中国驻美国大使章文晋向条约保存国——美国政府递交了加入书，从此，中国正式成为南极条约缔约国之一。②

　　1984 年 11 月至 1985 年 4 月初，中国成功组织了首次南极考察，并建立了中国南极长城站，开展了首次越冬考察，这为中国成为南极条约协商国奠定了坚实基础。1985 年 4 月，中国代表团应邀以观察员身份出席了在布鲁塞尔举行的第 13 届南极条约协商会议的预备会议。在会上的一般性发言中，中国代表陈述了中国刚刚成功进行的南极考察活动和初步的科学考察成果，表达了希望在当年 10 月第 13 届南极条约协商会议期间成为协商国的愿望，得到了绝大多数国家的欢迎和支持。这次会议之后，中国政府按照既定程序，在 1985 年 7 月向条约保存国——美国政府提交了成为协商国的申请，并声明接受历届南极条约协商国会议通过的且已生效的建议措施，愿意积极考虑尚未生效的

---

① 　国家海洋局极地考察办公室.中国极地考察事业大事记［Z］.北京：国家海洋局极地考察办公室，1999.

② 　同上。

建议措施，同时提交了中国的南极考察报告，并由外交部致函各协商国（南非除外）寻求支持。①

1985 年 10 月 7 日至 18 日，第 13 届南极条约协商会议在布鲁塞尔举行。以外交部条法司许光建司长为团长的中国代表团先以观察员身份出席会议。10 月 7 日下午，原有的 16 个协商国举行了一次特别会议，正式通过了中国和乌拉圭要求成为协商国的申请。随后，中国代表团以协商会议正式成员的身份出席了本届会议。中国成为南极条约协商国，受到所有与会国家的重视和欢迎。②

涉及南极的国际组织，除了南极条约协商国之外，还有南极研究科学委员会（Scientific Committee on Antarctic Research，SCAR，以下简称"南科委"）。南科委是国际科联下属的南极科学组织，是负责发起、促进和协调南极科学活动、制订和审查具有极地范围和意义的科学规划的国际学术机构。南科委成立于 1958 年，一般每两年举行一次大会，第一届大会于 1958 年举行，总部设在英国剑桥，由主席、副主席和执行秘书组成南科委执行委员会，下设若干委员会、工作组和专家组等。

中国由于南极事业起步较晚，直到 1982 年 7 月第一次派代表团以观察员的身份参加第 17 届南科委会议。1984 年

---

① 武衡，钱志宏.当代中国的南极考察事业［M］.北京：当代中国出版社，1994：418.
② 同上。

10 月，第 18 届南科委会议在德国不莱梅举行，中国派代表团列席了会议，并正式提交了加入南科委的申请。1986 年 6 月 23 日至 27 日，第 19 届南科委会议在美国圣迭戈市举行。在 23 日举行的全体会议上，中国被接纳为南科委正式成员国。① 1992 年第 22 届南科委会议上，董兆乾当选南科委副主席兼执行委员会委员，这是中国科学家首次当选此职。2005 年张占海当选此职。他们为国际南极科学合作计划的制订和协调作出了贡献。

中国先后于 1988 年加入国家南极局局长理事会（Council of Managers of National Antarctic Programs，OOMNAP），1991 年加入《关于环境保护的南极条约议定书》，2006 年又加入《南极海洋生物资源养护公约》，逐步融入《南极条约》体系之中，并积极参与南极治理的国际事务。

---

① 武衡，钱志宏. 当代中国的南极考察事业［M］. 北京：当代中国出版社，1994：424.

第五节

拓展南极科考空间布局，
建立中国南极中山站

　　建立中国南极长城站，只是中国极地考察事业万里长征第一步。首先，南极离我国万里之遥，南极海域冰山密布，要持续开展南极考察，必须解决海上运输工具的问题。其次，中国南极长城站是在西南极大陆周边的岛屿上，并不在南极大陆，而东南极大陆还没有中国的考察站。因此，拓展南极考察的空间布局势在必行。最后，开展南极考察是综合国力的体现，特别是国家的科研能力、科研队伍要跟得上，因此，国内的基础设施、支撑能力也要跟得上。首次南极考察圆满成功后，在整个 20 世纪 80 年代，中国极地考察事业主要是围绕上述三个方面展开的。

一、"极地"号极地考察冰区加强船服役

　　有了首次南极考察的实践，在南极建站之后，中国政

府和极地工作者十分清楚地意识到，如果没有破冰船，未来到南极科考将困难重重；特别是中国南极长城站已经建站，需要持续不断的后续补给，如果没有大型破冰船，长城站将难以为继。针对这种情况，建造或购买破冰船就成为当务之急。

当时，我国船舶工业还难以在短时间内造出破冰船，要解决南极考察之急需，可行的方案只能是向国外购买。1985 年 5 月，经国务院批准，财政部同意，南极委派出以国家海洋局装备司副司长刘永达为组长的购船组，经过与船主的多次艰苦谈判，最终以 170 万美元从芬兰 EFFOA 船舶公司购买了杂货船"雷亚"号。该船由芬兰劳马船厂于 1971 年建成，1974 年在德国进行了加长改装。该船具有芬兰—瑞典 IA 级破冰能力，能破冰 80 厘米[①]。船购入后，南极委委托上海沪东造船厂对其进行了改装，主要加装了人员住舱，极地科考设备，以及直升机平台机库、减摇装置等，更新了导航设备和通信设备。经过改装，使该船成为一艘多功能、多用途、综合性并适宜于高纬度高严寒海域航行的科学考察船。改装工程于 1986 年 9 月完工，改装后该船被命名为"极地"号（见图 2-2），隶属于国家南极考察委员会。[②] 中国南极科考，终于有了自己的专业冰区加

---

① 国家海洋局极地考察办公室.中国极地考察事业大事记 [Z].北京：国家海洋局极地考察办公室，1999.

② 同上。

图 2-2　"极地"号冰区加强船

强船，尽管破冰能力有限。

　　1985 年 9 月 25 日，"极地"号以中国第一艘极地考察冰区加强船的全新面貌，在长江口进行了 3 天试航，验收合格后返回青岛港。10 月 8 日至 17 日，"极地"号赴西北太平洋进行满载状态下的船况试航。试航中，测定了船舶运动要素，调试了新增仪器设备，进行了布放捕捞磷虾的新型网具试验和海上消防、救生、起吊货物等操练，此外，还在济州岛以南海域的七八级大风中进行了船舶抗风浪试验。①

　　1986 年 10 月 31 日，"极地"号从青岛港出发，首航南极洲，承担中国第 3 次南极考察和环球航行任务。经过艰难的航行，"极地"号于 12 月 27 日抵达南极乔治王岛，

---

① 武衡，钱志宏. 当代中国的南极考察事业［M］. 当代中国出版社，1994：
　　79.

并于 1987 年 3 月 16 日驶离南极，继续执行环球航行和科
学考察任务，并于 5 月 17 日回到青岛港，完成了中国航海
史上的第一次环球航行，历经 2 334 个航时，总航程达
30 921 海里。

二、扩建中国南极长城站

　　今日的中国南极长城站，俨然是一个功能齐备的极简
版现代化小城。但长城站建立之初，却比较简陋。1985 年
2 月刚刚建成的长城站，仅有办公、宿舍两栋主体建筑以
及其他一些诸如发电机组、仓库、油库等必备设施，容纳
能力很有限，这显然无法满足中国南极考察的需要。因此，
扩建、完善中国南极长城站就成为接下来几年南极考察的
重要工作之一。
　　中国第 2 次南极考察队是乘飞机前往长城站。2 次队的
重要任务就是维护长城站，他们修缮了办公、宿舍两栋房
屋，安装了卫星通信设备，修建了码头，修筑了道路，并
建立了若干科学考察设施。中国第 3 次南极考察是"极地"
号的首航，带去的物资比较多，主要任务之一就是扩建长
城站。经过 3 次队的重点扩建，长城站新增了科研楼、文
体医疗楼等建筑，扩建完善后的长城站生活设施与科研设
施配套，队员生活条件得到改善，科学考察能力得以提高。
后来，每年中国南极考察队到达长城站的常规工作就是维
修、改建、扩建、完善长城站，使之设施更加齐备、功能

更加完善。比如，1989 年 10 月前往南极的 6 次队还新建了直升机停机坪，这使得长城站的对外交通条件得到大大改善，增强了国际交往与合作能力。长城站自 1985 年 2 月建立以来，各种建筑设施不断扩建和完善，到 1990 年，已具备相当的规模，包括 7 栋主体建筑、14 栋配套建筑，还有 1 个油罐区、1 个气象观测场和 1 个直升机停机坪。一座座橘红色建筑与南极长城湾交相辉映，宛如一座现代化的科学城。中国南极长城站如图 2-3 所示。

图 2-3　中国南极长城站

三、首航东南极，建立中山站

南极洲地处地球最南端，一块大陆却因为其独特的地理位置而分属东西两个半球。中国首个南极考察站长城站所在的乔治王岛，是西南极大陆周边群岛之一，且并不在南极圈内。如果仅仅拥有长城站，显然会极大限制中国南极考察的活动范围和科研水平。纵观世界各南极考察大国，都是同时在西南极、东南极大陆建有考察站。因此，能够在东南极大陆建立考察站，一直是我国极地工作者的夙愿，也是我国拓展南极考察事业空间布局的战略需要。我国在东南极大陆建立考察站，一直到1989年才得以实现。

1986年10月，"极地"号极地考察冰区加强船成功首航南极，并于1987年5月17日完成环球航行胜利回国。这表明"极地"号已经完全具备承担南极考察的任务。在此背景下，在东南极大陆建立第二个常年考察站的工作就开始酝酿、规划起来了。

经过一段时间的酝酿和准备，1988年6月20日，南极委、国家科委、外交部、国家海洋局联合向国务院报送了《关于在东南极大陆建立我国第二个南极考察站的请示》。该请示写道："建在西南极乔治王岛上的长城站，经过二、三、四次队扩建、完善，科研、通信和生活设施较完善，它已成为我国南极科学考察研究的良好基地，也是我国对外科技交流的一个窗口。为了研究南极大陆，维护我国权益、造福子孙后代，我国应尽早在东南极大陆建立第二个考察站。""建立第二个考察站的条件已基本具备。我国已有建设长城站和组织南极考察队的经验，已培养出一支南极考察骨干队伍，我国第一艘极地考察船'极地'号，去年首航南极洲和环球一周考察，积累了远航经验。"①
7月27日，国务院批准了这个请示。为纪念伟大的民主主义
革命家孙中山先生，弘扬民族精神，团结海内外中华儿女，
发展我国南极考察事业，该站站名拟定为中国南极中山站。

中山站具体建立在东南极大陆的什么地方，是首先要
解决的问题。南极办主任郭琨让颜其德收集资料编写了
"东南极建站预选址方案"备用。早在20世纪80年代初，
国家有关部门就为东南极建站工作做准备，广泛开展调研，
多次派专家学者到日本昭和基地、苏联青年站及和平站、
美国默克麦多站、澳大利亚凯西站参观访问、实地考察，
在此基础上进行可行性论证，形成预选方案。1988年10月
初，由郭琨和李占生组成的先遣组赴澳大利亚霍巴特，以
便随澳大利亚南极考察队到东南极大陆为中国建立中山站
选址。11月12日至13日，郭琨和李占生乘澳大利亚飞机
从"冰鸟"号考察船上飞抵拉斯曼地区内拉湾的冰面上，
对预选站区的地理环境、自然条件、淡水资源和地形特点
等进行了实地勘察，并在附近小山插上写有"中山"字样
的三角旗。② 南极委根据先遣组的实地勘察报告，最后确定
中山站建立在拉斯曼丘陵地带。

中国首次东南极考察的重点任务是建立中国南极中山

---

① 武衡，钱志宏.当代中国的南极考察事业 [M].北京：当代中国出版社，
1994：103 - 104.
② 国家海洋局极地考察办公室.中国极地考察事业大事记 [Z].北京：国家海
洋局极地考察办公室，1999.

站，由于东南极夏季可以工作的时间比西南极长城站地区短，因此任务十分艰巨。党中央、国务院对首次东南极考察非常重视。11月12日，邓小平题写了"中国南极中山站"站名。[①] 考察队出发前夕，宋健国务委员批示："希望同志们能理解，在当前国家财政比较困难的情况下，国务院仍批准此项工作按计划进行，说明国务院对建站工作十分重视，对考察队寄予莫大的希望。"[②] 为了首航东南极一举成功，首次东南极考察队总指挥由国家海洋局副局长陈德鸿担任，考察队队长由南极办主任郭琨担任，并成立了临时党委，集体决策重大问题，确保成功首航东南极。

1988年11月1日，中国第5次南极考察队首次东南极考察队151人乘"极地"号，从青岛起航赴东南极大陆建立中山站和进行科学考察。驶向东南极的前期航程总体平稳，没有出现大的障碍，但即将抵达目的地时，发生了重大险情。

12月23日，"极地"号闯过浮冰区，到达目的地普里兹湾，拉斯曼丘陵已在眼前。但是，一条10多海里宽、厚2~3米的陆缘冰带横卧在船与站址之间。由于冰带已开始融化，冰面出现裂缝，"极地"号既不能在冰上卸运物资，又不能驶抵岸边抛锚卸货，到1989年1月14日，"极地"

---

① 武衡，钱志宏.当代中国的南极考察事业 [M].北京：当代中国出版社，1994：107.
② 同上。

号被浮冰围困在普里兹湾达 23 天。1 月 14 日，冰情有了变化，"极地"号乘机绕过冰山，到达距登陆点 400 米处，准备按原计划卸运物资。就在这时，冰情突变，左船舷 0.8 海里处的巨大冰盖发生了南极史上罕见的特大冰崩，再次使"极地"号陷于浮冰的包围之中。直到 1 月 21 日，冰情发生新的变化，位于船前方的两座冰山因各自移动速度的差异，中间出现一条可容"极地"号通过的狭窄水道，"极地"号果断利用这一机会，冒险从狭窄水道冲出去，脱离险境，进入宽阔水域，结束了一个月来被冰围困的局面。①

因被浮冰围困和冰崩遇险，整个东南极考察进度比原计划推迟了一个月。1989 年 1 月 26 日，中国南极中山站奠基仪式在拉斯曼丘陵举行。紧接着，中山站建设工作全面展开。151 名中山站建设者发扬南极精神，克服重重困难，奋战 28 天，一举建成一个常年科学考察站，又一次创造了新的南极速度。2 月 26 日，中国南极中山站举行了隆重的落成典礼，东南极大陆上空升起了中华人民共和国国旗。国务院专门发来贺电，全文如下②。

中国东南极考察队全体同志：

值此南极中山站落成之际，谨向参加建站的全体队员和船员表示热烈祝贺和亲切慰问！

①　武衡，钱志宏.当代中国的南极考察事业［M］.北京：当代中国出版社，1994：110-112.
②　武衡.科技战线五十年［M］.北京：科学技术文献出版社，1992：559.

你们在远离祖国的东南极，不畏艰险、百折不挠，战胜严重冰清和冰崩，建立了我国第二个南极科学考察站——中山站，表现了中华儿女的英雄气概和大无畏精神。

中山站的建成揭开了我国南极科学考察事业新的一页，对实现四化，振兴中华而努力奋斗的全国各族人民是一个极大的鼓舞。

希望你们发扬成绩，再接再厉，为人类和平利用南极做出更大的贡献。

国务院

1989 年 2 月 26 日

中山站所在的拉斯曼丘陵地处南极圈之内，位于普里兹湾的东南沿岸。中山站的建成，实现了我国南极考察从西南极半岛向东南极大陆的历史性跨越，标志着我国南极考察空间布局的成功拓展，为进入 20 世纪 90 年代深入开展南极考察奠定了坚实基础。中国南极中山站如图 2-4 所示。

图 2-4 中国南极中山站

第六节

加强科考支撑能力建设，
成立中国极地研究所

　　南极考察是一项严谨的科学事业，不仅需要耗费庞大的人力、物力、财力前往南极实地考察，而且需要在国内统筹规划，建立机构，训练人才，唯有如此，南极考察与科学研究事业才能发展壮大起来。因此，在中国南极事业的起步阶段，国家还十分重视南极考察支撑能力建设，为我国南极事业的长远健康发展打下坚实基础。

一、加强南极考察与研究的学术领导

　　要想在南极科学考察事业上不断发展进步，就必须加强学术领导，通过学术领导促进南极考察与研究事业的发展。早在国家南极委成立不久，就于 1982 年 7 月成立了顾问组，聘请有关学科对南极考察有兴趣的科学家担任顾问，但由于当时我国尚未有自己的南极考察站，相关研究薄弱，所以顾问组未能充分发挥作用。

1985 年初，中国南极长城站建成后，开展南极研究、加强学术领导就变得紧迫起来。在此背景下，南极委决定成立中国南极研究学术委员会。1986 年 5 月 17 日，经过多方酝酿与筹备，中国南极研究学术委员会正式成立并举行第一次会议。委员会主任由国家南极委副主任、中国科学院副院长孙鸿烈院士兼任，下设地质与地球物理学组、大气与空间科学组、生物学与医学组、冰川及地理与测绘学组、海洋学组等学科组。① 因南极考察与研究是一项综合性事业，涉及多个部门和诸多学科，需要动员全国各部门、各学科的力量一起去做。可见，中国南极研究学术委员会是一个跨部门、跨学科组织，首届委员会委员由来自各条线的 39 名科研人员组成，委员会的主要任务是②：

为拟定中国南极科学考察研究方向、任务、规划和科技政策，向南极委提出建议；提出科学考察长远规划和年度计划的建议；评审中国南极科学考察项目及研究成果；组织国内外学术交流，举办学术会议；讨论研究南极委委托的其他问题。

由此可见，中国南极研究学术委员会主要是提供学术

---

① 国家海洋局极地考察办公室.中国极地考察事业大事记［Z］.北京：国家海洋局极地考察办公室，1999.
② 武衡，钱志宏.当代中国的南极考察事业［M］.北京：当代中国出版社，1994：193.

领导、咨询与建议。特别值得一提的是，中国南极研究学术委员会在制订南极事业发展战略规划上发挥了重要作用。我们知道，南极考察是国家行为，必须服从并服务于国家战略、国家规划。因此，我国南极事业从一开始就与国家规划紧密结合在一起。中国南极研究学术委员会从成立之日起，一个非常重要的任务就是参与制订、审议国家南极科学考察发展规划。1986年一成立，该学术委员会即在南极委原有工作的基础上，参与制订了《中国南极科学考察研究"七五"计划》（1986—1990），随后又主持制订出了《中国南极科学考察研究"八五"计划》（1991—1995），为我国南极事业的科学、健康、可持续发展打下了基础。这就形成了一个传统，即将国家南极事业发展与国家战略规划紧密结合，国家南极事业发展与学术研究紧密结合，根据国家战略，提前制订下一个5年或10年南极事业的发展方向，提前谋划，明确目标，周密安排，国家保障，执行力强，这也是中国极地事业虽起步较晚，但40年来取得巨大成就的根本原因所在。

二、成立中国极地研究所

中国南极考察事业的根本任务是提升我国南极研究水平，因此必须要有专门机构统筹负责我国极地（重点是南极）科学考察研究工作。20世纪80年代初，我国即将开展南极考察工作，而国内尚未有相关研究机构，在此背景下，成立相关极地科学研究机构已成急需。

为适应中国极地科学考察与研究事业的发展需要，经国家科委、国家计委批准，1984年决定在上海筹建中国极地研究所。在国家有关部门和上海市的大力支持下，中国极地研究所于1989年10月10日在上海正式成立。它是中国极地考察研究的中心，在成立之初其主要科研方向是开展富有南极特点、有重大科学价值的重点学科、极地资源和能源的考察研究，其主要职能如下①：

研究中国的南极政策及极地科学考察长远规划，并对年度计划负责组织协调和实施；进行具有南极特点的重点学科的考察研究；建立中国极地档案馆、中国极地情报资料中心，收藏、保管、归档和分析研究极地情报资料，编辑出版极地科学研究成果、文集和刊物，向全国提供服务；进行国际学术交流和合作考察；负责南极考察装备和仪器的研制、试验和储运。

最初，中国极地研究所的规模体量偏小，但随着中国极地事业的不断发展，中国极地研究所的力量也逐渐壮大，其职责职能也逐渐扩大，承担的任务也越来越重。1990年1月5日，国家海洋局、南极委批复中国极地研究所主要职责、内设机构及人员编制，明确筹建过渡期事业编制50名，设4个职能机构，2个研究室，1个极地情

---

① 武衡，钱志宏. 当代中国的南极考察事业 [M]. 北京：当代中国出版社，1994：194.

报资料研究中心。后来，随着中国极地事业的发展，中国极地研究所也不断发展壮大。1999年3月31日，"雪龙"号极地科学考察破冰船（以下简称"破冰船"）划归中国极地研究所建制和实施管理。2002年1月25日，国家海洋局批复中国极地研究所主要职责、内设机构和人员编制，将"雪龙"号、长城站、中山站的管理及其后勤保障职能划入该所。2003年1月20日，中央机构编制委员会办公室批复同意中国极地研究所更名为中国极地研究中心。在中国极地研究中心设立中国南极"中山"站、中国南极"长城"站考察业务部门，中国极地研究中心的事业编制由最初的50名增加到145名。2009年1月20日，中央机构编制委员会办公室批复，中国极地研究中心事业编制由145名增加到230名，中国极地研究中心迎来了新的发展机遇，正朝着培养一支具有国际竞争力的极地科学研究和考察保障管理队伍，建设国际一流的极地研究中心迈进。

为了使南极考察队队员能尽快适应那里的恶劣自然环境，避免事故发生，圆满完成考察任务，从事南极考察的各国都对考察队队员进行严格的训练。中国南极事业的发展也需要有一个这样的训练基地。南极委参照国外经验，选中了冰雪之乡黑龙江省哈尔滨市的亚布力滑雪场作为南极考察队队员训练基地。经国家计委批准，基地于1984年开始建设，1986年初建成。同年3月，中国第3次南极考察队首次在这里进行冬季训练。① 以后每次南极考察队出发之前，都必须集中训练，训练内容包括南极知识、业务学习、南极环境的适应、滑冰、避难、纪律、环境保护、卫生、救护及国际礼仪等。这为顺利开展南极考察，做好了思想动员，奠定了技能基础。

---

① 武衡，钱志宏.当代中国的南极考察事业［M］.北京：当代中国出版社，1994：187.

第三章

完善布局：
中国极地事业的开拓与深化

进入 20 世纪 90 年代，极地考察事业继续受到国家的高度重视，根据国家战略总体发展规划，一是加强极地考察能力建设，购买并改装了"雪龙"号破冰船，使中国极地考察能力再上新台阶；二是根据中国极地事业发展需要，首次开展北极科考，建立中国北极黄河站，使得中国极地事业的空间布局进一步完善；三是在中国极地事业发展壮大的过程中，进一步完善极地事业领导体制和管理体制，制订与实施了"八五"和"九五"南极科学考察研究计划，中国极地研究所不断发展壮大；四是先后实施了极地科学考察研究"八五"和"九五"攻关课题，在极地科学考察研究上取得了重大突破。

第一节

1990 年国际横穿南极科学
探险活动初探①

1989—1990 年，来自美国、中国、苏联、法国、英国和日本的 6 名探险家和科学家组成国际横穿南极考察队对南极大陆进行了为期 220 天的科学探险活动。这是人类首次通过国际合作横穿南极大陆，横穿总路程长达 5 986 千米，创探险史之最。时年 42 岁的中国科学院兰州冰川冻土研究所副研究员秦大河，以科学家身份代表中国参与此次横穿科学探险活动，成为第一个徒步登上南极极点的中国人。此次活动曾产生深远的国内、外影响。虽然国家曾给予高度的重视，但是由于科技与经济等多种因素的限制，当时国内记者并没有前往南极进行直接的跟踪报道。除此之外，前期的活动筹划主要由美国极地探险家威尔·斯蒂

---

① 本节与兰妙苗合作完成，主要内容发表于《科学文化评论》杂志 2020 年第 3 期。

格和法国探险家让-路易斯·艾迪安牵头，以美国和法国为基地开展，国内对活动细节知之甚少。这些情况导致国内涉1990年国际横穿南极科学探险活动的信息，只见于笼统的新闻报道和亲历者秦大河的采访及自传，内容较为碎片化，对整个活动来龙去脉与具体过程鲜有系统研究。1990年国际横穿南极科学探险活动在南极探险史、国际政治以及科学研究领域都具有重要影响，对本次活动的历史背景、前期筹划和开展过程进行系统梳理与探析具有一定的学术价值。

一、历史背景与活动发起

20世纪80年代末90年代初的世界正经历着剧烈变革，"环境保护""合作"与"和平"成为国际社会的主题词。1990年国际横穿南极科学探险活动从筹备到最终完成历时近4年，横跨20世纪80至90年代。此次活动的发起既有自发组织的偶然性，同时也有着深刻的时代背景影响，带有鲜明的时代特征。

（一）南极治理面临转折

南极大陆是地球上唯一不存在原住居民的大陆，关于南极大陆的领土划分和管理问题在国际社会曾引起广泛争端。在1957—1958年IGY期间，南极成为多国科学考察活动的"宠儿"。"美国、苏联、阿根廷、澳大利亚、法国、比利时、智利、日本、新西兰、挪威、南非和英国等国家在南极共建立了60多个观测站。"① "同时，他们也充分认识到，要完成酷寒的南极大陆的全面考察和深入研究的任务，任何一个国家都难以办到，只有通过国际合作的方式才能得以实现。"② 由此，南极科考活动开始出现国家与国家之间合作的趋势，多个国家在南极展开了史无前例的国际合作科考活动。基于这些在 IGY 期间的良好合作经验，美国于 1959 年发起和平利用南极的倡议，联合 IGY 期间在南极展开科学考察活动的 12 个国家，于当年 12 月 1 日签署了《南极条约》。

《南极条约》有两大基本原则，一是"南极仅用于和平目的"③，除了用于科学研究和其他和平目标以外，"一切军事活动必须禁止进行"④；二是"继续国际地球物理年的国际合作精神，自由交换科学人员、观测资料和科学成果"⑤。在南极领土争端问题上，《南极条约》"采取了冻结领土要求的做法"⑥。自 1961 年 6 月 23 日《南极条约》生效以来，截至 1988 年，除最初的 12 个缔约国之外，包括中国在内的另外 27 个国家也先后加入《南极条约》，各缔约国遵循条约规定的和平、合作与科学精神，

---

① 武衡，钱志宏.当代中国的南极考察事业 [M].北京：当代中国出版社，1994：413.
② 同上，第 414 页。
③ 同上。
④ 同上。
⑤ 同上。
⑥ 同上。

相继开展南极考察活动，有关南极的种种争端暂时落下帷幕。

随着南极地质科学研究上取得显著进展，南极大陆可能蕴藏着丰富矿产资源的科学猜测被提出，这使得南极再次引起全球关注。"1970年10月新西兰在东京召开的第6届南极条约协商会议上，首次非正式地提出了矿产资源问题。"① 由于矿产资源自身具备重要的经济价值和政治意义，南极再次成为国际争端的焦点。为解决南极矿产资源开发争议，1988年6月2日，在惠灵顿召开的第4届特别协商会议上通过了《南极矿产资源活动管理公约》，此后，在1989年举办的第15届南极条约协商会议中，法国与澳大利亚提出综合保护南极环境以及其特有和相关生态系统的文件，关于南极矿产开发问题的讨论开始向南极环境综合保护的议题发展。《南极条约》在签署时即附有时限条件，"在其生效30年时可被重新审订修改"②，这就意味着在1991年《南极条约》将会被重新开放修订。《南极条约》行将修订，加之20世纪80年代末出现的南极矿产资源开发争端以及南极环境保护的大讨论，都推动南极治理走向新的转折点。

1990年国际横穿南极科学探险活动正值《南极条约》

① 吴依林. 从南极条约体系演化看矿产资源问题 [J]. 中国海洋大学学报（社会科学版），2009（5）：11-13.
② Steger W, Bowermaster J. Crossing Antarctica [M]. New York：Alfred A. Knopf, 1992：238.

修订前夕，置身于南极矿产资源争端与环境保护问题甚嚣尘上的国际背景中，和平利用南极、保护南极环境的呼吁成了此次活动筹划的关键外驱力和主要目的，"在 1991 年《南极条约》期满前夕，国际横穿南极考察队沿南极洲最长路线（全程 5 986 千米）横穿南极洲，旨在向全世界强调世界各国在南极洲的和平、合作与友谊，发扬《南极条约》精神，保护这片世界上仅存的洁净大陆的环境、生态和资源，让南极洲继续成为人类和平与科学研究的圣地，使南极洲的资源成为人类的共同财富。"①

（二）威尔·斯蒂格发起活动

1990 年国际横穿南极科学探险活动在 1987 年由美国极地探险家威尔·斯蒂格和法国探险家让-路易斯·艾迪安正式发起。1986 年 4 月，两人在各自的北极探险活动中偶遇，他们的北极之行抱有同一个目的，即利用探险活动的影响力引起人们对极地的关注，进而唤醒人们保护极地环境、维护极地和平的责任与意识。在 25 年的北极探险经历中，威尔·斯蒂格目睹了北极环境遭到不可恢复的破坏与污染，深刻领悟到保护两极环境的重要性，他在《横穿南极》一书中写道："我强烈希望南极的未来不要重蹈北极的过往，人类在南极应当扮演保护者而不是掠夺者的角色。"② 正是

---

① 梁大兰. 秦大河代表中国参加国际横穿南极考察［J］. 冰川冻土，1989（3）：230.
② Steger W, Bowermaster J, Crossing Antarctica［M］. New York：Alfred A. Knopf, 1992：11.

这种对极地环境的关注，成了威尔·斯蒂格与让-路易斯·艾迪安两人合作的初衷。威尔·斯蒂格和让-路易斯·艾迪安一致认为，作为地球最后未被开发的生态地，南极不应该被人类的贪婪染指，南极环境问题需要获得人类的重视，而一场有足够影响力的南极探险能够发挥这种作用就"必须担负着呼吁人们给予南极更多关注的使命"。[①] 以南极大陆为主场，以唤起全球对南极环境关注为目的开展的这次探险活动，也不再是一场简单由私人发起的探险活动，正如威尔·斯蒂格所说："如果我们想通过这次探险引起全球对南极以及《南极条约》的关注，那么我们实际上正在努力将这次活动从个人行为发展到一项'全球事件'。"[②] 北极之行结束后，威尔·斯蒂格与让-路易斯·艾迪安着手筹划横穿南极活动，开始招募考察队队员，此次活动的国际性、科学性与政治性进一步体现出来。

二、国际横穿南极考察队成组

1990年国际横穿南极科学探险活动的筹备工作自1986年开始，在1987年由威尔·斯蒂格与让-路易斯·艾迪安正式合作发起。经过多方外交努力，越来越多的国

---

① Steger W, Bowermaster J, Crossing Antarctica［M］. New York：Alfred A. Knopf, 1992：19.

② 同上。

家政府与公共组织参与其中，最终成组国际横穿南极考察队。

（一）筹备与正式启动

1986 年 5 月成功到达北极极点接受采访时，威尔·斯蒂格即提出组织一次横穿南极活动的计划，不过当时威尔·斯蒂格并没有预想到这次活动将逐步从私人自发组织的探险活动，变成多国合作引起全球关注的科学探险活动。虽然北极相遇时，威尔·斯蒂格曾与让-路易斯·艾迪安就南极横穿活动有过商讨，但是北极之行结束后两人并没有直接取得联系建立合作，而是各自分别进行着筹备工作。从北极回到美国的威尔·斯蒂格，在 1986 年夏天前往剑桥大学斯科特极地研究所学习与南极相关的地理、气候和探险知识，同时与英国南极调查局（British Antarctic Survey, BAS）取得联系。1986 年秋天，威尔·斯蒂格筹集到了来自杜邦、柯达和明尼苏达电力公司等多家公司提供的赞助资金。北极探险相遇一年后，1987 年 5 月，让-路易斯·艾迪安与威尔·斯蒂格取得联系，表示已经确定能够为活动提供价值 200 万美元的"UAP"号破冰船，考察队队员能够在活动结束之后，在终点站——苏联和平站搭乘该船返回。除此之外，身为法国前外交官的让-路易斯·艾迪安也表示自己可以积极联系其他需要合作的国家的相关部门，争取有力的支持与帮助。自此，1990 年国际横穿南极科学探险活动两大核心人物正式确立起合作关系。

来自英国和日本的两名队员是通过私人交往和个人主动联络的方式，与威尔·斯蒂格和让-路易斯·艾迪安取得联系并成为考察队队员的。日本队员舟津圭三是考察队最年轻的一名队员，他与威尔·斯蒂格在1985年的一场万圣节聚会中结识，当时舟津圭三在威尔·斯蒂格美国训练场附近的明尼苏达拓展学校工作，他是一名专业的驯犬师，爱好探险，曾独自骑行完成环绕美洲大陆和横穿撒哈拉沙漠的活动。舟津圭三参与过1986年威尔·斯蒂格组织的北极探险，基于良好的合作经历，威尔·斯蒂格在组织横穿南极活动时再次与舟津圭三取得联系。英国队员杰夫·萨莫斯在南极洲有长达33个月的生活经历，十分熟悉南极半岛的地理特征与地形条件。杰夫·萨莫斯从朋友那里得知威尔·斯蒂格与让-路易斯·艾迪安正在组建一支国际横穿南极考察队的消息，主动写信联系威尔·斯蒂格，在1987年夏天加入考察队。不同于英国队员与日本队员，苏联和中国两名队员的加入过程则更具政治色彩。

（二）苏联加入

威尔·斯蒂格与让-路易斯·艾迪安在起初筹划横穿南极活动时，一致赞同与苏联合作的必要性。考察站是一个国家在南极洲的实质存在，具有国家意义，苏联是当时唯一在东南极大陆拥有考察站的国家，因此要完成自西向东完全横穿南极大陆的任务，就必须获得苏联的承认与帮助。苏联队员的加入，对于考察队的组建具有关键意义。

最初，让-路易斯·艾迪安意向的苏联合作者是拥有丰富极地探险经验的德米特里·沙帕罗。但由于在苏联，关于南极洲的各项活动都受到政府的监管控制，德米特里·沙帕罗开展的探险活动一直未得到政府的批准，这意味着德米特里·沙帕罗未得到政府认可，其组织的活动也并不具有政治"合法性"。1987年5月，让-路易斯·艾迪安受苏联南北极研究所（Arctic and Antarctic Research Institute，AARI）邀请到达莫斯科。让-路易斯·艾迪安到达机场时，直接由苏联南北极海事局的官员接走，并未来得及与当时也在机场接机等待的德米特里·沙帕罗交流，之后的洽谈都是在让-路易斯·艾迪安与苏联南北极海事局官方人员之间进行的。苏联官方人员表达了参与此次活动的意愿，并给出了4项承诺："使这次活动具有更多的科学研究性质；为考察队提供全程的救援方案；为本次活动准备一艘专用于安全救援和情报传递的考察船；承认美国国家科学基金会与法国极地探险队的审批。"[1] 同时，苏联派出南北极研究所的海洋物理学家维克多·巴雅尔斯基作为苏联代表，参与横穿南极科学探险活动。

维克多·巴雅尔斯基自1973年以来，以气象学家和放射学家的身份参与过4次南极科考活动。维克多·巴雅尔斯基在与让-路易斯·艾迪安交流过程中说明了自己入选的

---

① Steger W, Bowermaster J. Crossing Antarctica ［M］. New York：Alfred A. Knopf, 1992：53.

原因，"综合各种因素，委员会选择我作为代表参与横穿南极活动……首先我已经结婚了，这能够保证我在活动结束后一定会归国；其次我有过南极科考经验；最后我的年龄和身体状况都符合要求。"[1] 1988年3月，维克多·巴雅尔斯基到达美国与威尔·斯蒂格会面，1988年初冬，组织维克多·巴雅尔斯基、威尔·斯蒂格、让-路易斯·艾迪安、杰夫·萨莫斯和舟津圭三一起前往格陵兰岛进行横穿活动开始前的集训。维克多·巴雅尔斯基的加入意味着苏联正式成为1990年国际横穿南极科学探险活动的参与国，考察队自西向东横穿整个南极大陆的计划也具有了实施可能。

（三）中国加入

活动赞助商国际探险网的创始人之一马丁·威廉是考察队原定的第六名队员，但是由于公司事务缠身，马丁·威廉错过了1988年初冬的格陵兰岛集训。与此同时，格陵兰岛集训结束后，让-路易斯·艾迪安收到了他在1988年1月发往中国北京的信函回复，让-路易斯·艾迪安在这封发往北京的信函中，主要询问能否邀请一名中国学者参与国际横穿南极科学探险活动。随后在1988年7月，让-路易斯·艾迪安动身前往北京访问，"中国政府为这次探险活动资助了价值5万美元的物资，并提供中国南极长城站作

① Steger W, Bowermaster. J Crossing Antarctica [M]. New York：Alfred A. Knopf, 1992：54.

为考察队的物资供应与后勤基地。"① 中国的参与给本次国际横穿南极科学探险活动注入了新的活力，带来更多的国际关注度。威尔·斯蒂格在提到中国的参与对此次活动的意义时曾言："我们非常高兴能够拥有一名极地经验丰富的中国队员加入……中国人口占世界人口的1/4，我们希望中国参与此次国际横穿南极科学探险活动可以广泛地引起全球对南极洲了解认识的兴趣，更有利于实现唤起环保观念的目的。"②

　　1988年12月20日，参与国际横穿南极科学探险活动的中国队员最终定为冰川学家秦大河。关于国际横穿南极科学探险活动中国队员的选拔并非一帆风顺，原定的第一位候选人是在长城站有两年工作经验的工程师国晓港，第二位是驻扎在长城站的一名33岁的海洋物理学家，但是在选拔过程中这两名候选人都因身体不适而退出，考虑到外部情况以及综合各项能力素质，秦大河最终成为国际横穿南极考察队的中国队员。

　　时年42岁的秦大河是中国科学院兰州冰川冻土研究所的副研究员，自1983年以来主要专注研究南极冰川学，已经有过两次时长共计两年零八个月的南极考察经历：

---

① 武衡，钱志宏.当代中国的南极考察事业［M］.北京：当代中国出版社，1994：432.
② Steger W, Bowermaster J. Crossing Antarctica［M］. New York：Alfred A. Knopf, 1992：150.

1985—1986年跟随澳大利亚南极科考队前往凯西站参加越冬考察；在1987—1988年期间担任过"中国南极长城站第四次考察队副队长兼越冬队长、第五次考察队副队长"。①1988年4月，正在长城站越冬工作的秦大河从颜其德那里，得知政府正在征集国际横穿南极科学探险活动的队员，1988年6月，秦大河在长城站向南极办递交了自荐信，并最终成为参加国际横穿南极科学探险活动的中国代表。关于秦大河被选定为中国代表的原因，威尔·斯蒂格在《横穿南极》一书中记录了秦大河的自述："虽然不会滑雪，但是我认为我是能够胜任此次活动的中国队员。首先，我是与冰雪长期打交道的冰川学研究者；其次，我已经具备南极考察经验；再者，我拥有在高海拔进行冰川考察的经验（秦大河曾在喜马拉雅山脉上进行考察工作）；最后，我比较年轻，身体康健。"②丰富的知识储备和经验积累使秦大河成为代表中国参与1990年国际横穿南极科学探险活动的不二人选，但是他的准备过程并非一帆风顺。

临行前，秦大河的妻子周钦柯不幸遭遇到严重的车祸入院，考虑到他的家庭情况，当时南极办致电秦大河，告知他可以放弃出征此次国际横穿南极科学探险活动，但是国内短时间可能再没有合适的人选，这也意味着中国极有

---

① 梁大兰. 秦大河代表中国参加国际横穿南极考察［J］. 冰川冻土，1989（3）：230.

② Steger W, Bowermaster J. Crossing Antarctica［M］. New York：Alfred A. Knopf, 1992：151.

可能缺席本次科学探险活动。面对国与家的抉择，秦大河毅然选择了国家大义，离开亲人投入到横穿活动的准备中。"因为他知道，能不能参加考察队，参加横穿活动，关系到中国在南极拥有多少科学考察的主动权，关系到中国在南极的科学地位，他代表了中国。"[1] 秦大河在此次活动中体现出了强烈的爱国主义精神和为科学事业献身的精神，也从侧面反映出1990年国际横穿南极科学探险活动并非一次单纯的"南极探险"活动，随着苏联和中国两名科学家的加入，多国政府的参与使得此次活动逐渐成为全球焦点，由威尔·斯蒂格发起的此次科学探险活动也因此承载了更多的科学与政治意义。

（四）国际横穿南极考察队最终成组

国际横穿南极考察队由来自美国、法国、苏联、英国、日本和中国6个国家的6名队员组成，是名副其实的国际考察队。在活动筹备的前期，只有美国、法国、英国、日本和苏联5个国家参与，直到1988年7月让-路易斯·艾迪安访问中国，随后中国队员秦大河加入，才成最后的规模。考察队6名队员平均年龄40岁，都曾经有过极地考察或探险的经历，拥有较为丰富的极地生存经验。与此同时，考察队队员又各有专长，在横穿南极考察的过程中各自承担不同的任务，整个团队能够互相配合，良好互动实现

---

① 向秦大河学习［J］. 党的建设，1990（6）：20.

合作。

法国队员让-路易斯·艾迪安和英国队员杰夫·萨莫斯负责导航工作。在横穿南极过程中导航方式包括两种，杰夫·萨莫斯倾向于用老式指南针、手表和六分仪进行方位导航；让-路易斯·艾迪安则善于利用现代高新技术即卫星导航系统完成定位导航工作，考察队全程携带由电池供电的发射机，发射机发射的信号由美国国家海洋和大气管理局（National Oceanic and Atmospheric Administration, NOAA）的卫星接收，然后传递到位于法国图卢兹的ARGOS处理中心，之后探险队所处地点的经度和纬度信息经由巴黎或者圣保罗被转发到智利彭塔的后勤大本营。

作为一次科学探险活动，除完成探险行程外，考察队还担负着科考任务。中国队员秦大河与苏联队员维克多·巴雅尔斯基博士2人以科学家身份参加，负责气象、臭氧层厚度、雪层剖面等观测项目的调研科考。维克多·巴雅尔斯基需要每天3次监测收集天气信息，播报每天的风速、风向，空气湿度、温度和气压。由于在9月到10月期间南极洲上空的臭氧层是最薄的，是十分重要的观测时期，因此在此期间，维克多·巴雅尔斯基还要每天测量1次大气臭氧层状况。中国队员秦大河负责"在沿途开展冰面地貌、冰盖表面降雪晶形与尺寸、雪层剖面、10米深度内的雪层温度和雪冰化学等项目的科学考察，采集冰雪样品，观测和记录冰雪资料"①。另外，让-路易斯·艾迪安将在探险过程中收集队员尿液进行人体环境适应性观察，监测考察队队员的心理和身体状况，进行生理功能和心理变化检测及医学卫生学研究。

三、横穿南极大陆

1989 年 7 月 28 日，国际横穿南极考察队从南极半岛北端的海豹冰原岛峰出发，依靠狗拉雪橇和借助滑雪板滑雪的方式，穿越南极极点和"不可接近地区"，自西向东横穿南极大陆，于 1990 年 3 月 3 日抵达终点苏联和平站，总行程 5 986 千米，完成了探险史上首次借助非机械力横穿南极大陆的壮举。

（一）横穿路线

以地理位置和地形特征为划分标准，国际横穿南极科学探险活动的全部路程大致可以分为四段，在每一段路程中考察队队员都要面对不同的困难和阻碍。

1. 第一段路程：横穿南极半岛

考察队自 1989 年 7 月 28 日从南极半岛北端的海豹冰原岛峰出发。海豹冰原岛峰是南极半岛拉森冰架最北端的一群冰原岛山的总称。南极半岛这一段路程布满了冰裂隙，冰裂隙是由于冰川不同部分的运动速度不一致，导致冰面

---

① 武衡，钱志宏.当代中国的南极考察事业［M］.北京：当代中国出版社，1994：432.

断裂，进而形成的巨大缝隙。冰裂隙往往被厚厚的积雪覆盖不易被察觉，如果人和雪橇从上面经过极易坠入其中造成伤亡。考察队队员和雪橇犬在横穿南极半岛时，曾多次跌入危险的冰裂隙，好在英国队员杰夫·萨莫斯有南极半岛的居住工作经验，于南极半岛的地理及地形特点极为熟悉，杰夫·萨莫斯在整个过程中负责向导工作，在他的指导下团队建立起了有效的救援机制，能够在坠入冰裂隙后及时的救援脱险。1989年10月12日，考察队成功到达位于南极半岛最南边界的雷克斯山山脉补给点，标志着南极半岛这段路程的结束，考察队正式向南极内陆地区行进。

2. 第二段路程：向南极极点进发

1989年10月中旬，考察队进入南极内陆的埃尔斯沃斯地区，也就是南极内陆的高原区。与海洋性气候的南极半岛地区不同，内陆高原区的气候更加酷寒干燥。此外，由于海拔骤然上升，考察队队员们不仅需要忍受酷寒低温还要克服高海拔带来的缺氧问题。之前南极半岛路段的长途跋涉，已经消耗了队员很多体力，所有队员以及同行的雪橇犬都已进入疲惫期，但每日的行程计划由不得丝毫的怠慢和拖延。考察队要尽可能在暴风雪高发季来临之前到达终点站，否则南极大陆寒冬的降临，会使得考察队和"UAP"号工作人员被困南极大陆，无法顺利返航。有利因素是，进发南极极点时的季节正好处在南半球由冬转夏期间，白昼时间的变长意味着一天之中留给考察队赶路的时间更加充足。就这样经过艰难跋涉，1989 年 11 月 7 日，考察队到达埃尔斯沃斯山脉山脚的爱国者丘陵补给点，告别行路艰难的高原区，获得物资补给之后继续向南极极点进发。最终，考察队全体成员于智利彭塔时间 1989 年 12 月 11 日下午 5 时（南极极点使用的是新西兰时间，即 12 月 12 日上午 9 时）到达南极极点，标志着国际横穿南极考察队成功跨越西南极大陆。6 名考察队队员在南极极点，通过多国媒体分别用英语、法语、汉语、日语和俄语发表了"南极宣言"，内容如下：

"在按最长路径横穿南极洲的途中，今天我们站在了南极点。在这整个世界汇集为一点的地方，我们要告诉大家的是，不同国家、民族和具有不同文化的人民能够一块工作和生活，哪怕是在这最困难的环境里，让 1990 年国际横穿南极考察队这种合作和藐视困难的精神，使世界变得更加美好！"①

"南极宣言"传达出的和平合作以及环保精神，也正是 1990 年国际横穿南极科学探险活动的主要目的，反映出此次活动科学与政治交织的复杂性质。

3. 第三段路程：挑战"不可接近地区"

从南极极点到苏联东方站的地区被称为南极大陆的"不可接近地区"（the area of inaccessibility），这一段路程

---

① 秦大河. 秦大河横穿南极日记［M］. 北京：科学普及出版社，1993：373.

长达1 250千米，由于深入内陆，物资补给很难到达，因此补给获取十分困难。除了苏联曾借助拖拉机力量穿越过"不可接近地区"一次，这一路段再也没有人类完整通过，因此被称为"不可接近地区"。从南极极点到苏联东方站这一地段，由于人迹罕至，在考察队筹划横穿南极进行科学探险活动时，几乎没有找到这一地区相关的气象资料记录，这使得该路段的行程充满未知的挑战。

此外在"不可接近地区"，无法发出和接收卫星信号，这意味着考察队的准确位置很难被外界获得，一旦遇险营救活动将很难开展。冰冻坚硬的冰川地面便于滑雪，而"不可接近地区"则布满了厚厚的软雪，不利于滑雪板的使用，因此考察队在行进过程中为了按时完成行程计划，需要消耗更多的时间和体力。所幸在穿越"不可接近地区"时，南极大陆暴风雪较少，加上精密的规划和考察队队员丰富的极地生存经验，团队终于顺利地穿越了这一路段。

1990年1月22日，考察队到达苏联东方站。这是人类首次借助非机械力横穿南极大陆"不可接近地区"，两名科学家秦大河与维克多·巴雅尔斯基也首次收集到了这一地区的雪样和气象资料，填补了这一地区相关记录的空白。

4. 第四段路程：从东方站到和平站

考察队行进到这一路段时，南半球开始由夏季转向冬季，气温明显下降，暴风雪也开始频繁起来，季节的转变也意味着白昼的时间开始缩短，留给考察队赶路的时间越来越少。为了能够在暴风雪侵袭终点站之前完成横穿任务，考察队必须要克服-40℃的酷寒，在逐渐变短的白昼中加快行进速度，以免被困南极大陆无法返回。所谓行百里者半九十，最后的路程意味着成功迫近，但同时也暗藏着诸多危险与忧虑。1990年3月3日，国际横穿南极考察队全体队员成功抵达苏联和平站，标志着1990年国际横穿南极科学探险活动顺利完成。

本次科学探险活动最后的路段是从苏联东方站到和平站，考察队的补给物资主要依靠苏联派出的雪地拖拉机投递，苏5人拖拉机队共驾驶两辆拖拉机，一辆拖车装油料，另一辆则装给东方站的冰芯和我们考察队的物资。这两辆拖拉机将随我们一块儿到达和平站。[1] 在最后的行程里，苏联派出的拖拉机队为考察队保驾护航提供补给，给予了考察队关键性的帮助，国家间的互助合作也正是此次活动能够成功的重要原因。

（二）后勤支持系统

国际横穿南极科学探险活动完成了人类历史上首次用非机械力横穿南极大陆的最长路程，活动的开展需要克服长距离、成本昂贵和组织复杂等诸多困难，单凭考察队队员或独立的组织是无法完成的，正如威尔·斯蒂格所言：

---

① 秦大河.秦大河横穿南极日记［M］.北京：科学普及出版社，1993：278.

"（南极洲）这是一个为合作而生的地方。"[①] 除 6 名考察队队员的国家公共部门及商业公司支持本次活动之外，沙特阿拉伯、智利与丹麦的政府部门也对 1990 年国际横穿南极科学探险活动给予了重要帮助。可以说此次活动"得到了有关国家政府和社会各界的声援与支持。给养、通信等方面，得到了来自空中、地面和海上的多方支援"[②]。

1990 年国际横穿南极科学探险活动由于路程过长，整个横穿过程需要不断获取外在补给，存有食品、汽油等必需物资的补给地点称为"缓存点"。每个缓存点都是根据规划好的路线精心设置的，1988 年 1 月，国际探险网派出双水獭飞机在规定补给点完成物资投递与安置。苏联伊尔-76运输机在考察队横穿东南极大陆期间实时提供安全保障与临时物资补给，在整个横穿南极科学探险活动中起到关键性作用。法国的 ARGOS 系统提供导航定位服务，为考察队播报外界时事新闻。法国的第二大保险公司巴黎保险联盟是法国队员让-路易斯·艾迪安的长期赞助商，在本次活动中除提供资金支持外，还赞助建造了"UAP"号破冰船，专用于此次活动的海上考察和返程工作。中国则开放位于乔治王岛的长城站，作为考察队物资的缓存点和中转地。

---

① Steger W, Bowermaster J. Crossing Antarctica［M］. New York：Alfred A. Knopf, 1992：159.
② 陈金武，张继民. 人类征服大自然的又一重大胜利　国际横穿南极考察队抵达终点　李鹏总理致电热烈祝贺［N］. 人民日报，1990-03-04（1）.

沙特阿拉伯也为本次活动赞助了资金并派出两名海洋物理学家参与了科学探险活动，不过他们是在考察队横穿南极大陆期间，乘坐"UAP"号破冰船沿南极大陆海岸进行科学考察。智利的彭塔一直作为联络中心及燃料储存地，及时对考察队发出的信号进行反馈。丹麦政府部门则在科学探险活动筹备期间为考察队提供格陵兰岛作为行前集训的场所。

有序的后勤支持系统是1990年国际横穿南极科学探险活动最后能够顺利完成的基础和关键，其体现出的国际间合作与和平的精神也是此次活动带给世界的宝贵精神财富。

四、历史影响

1990年国际横穿南极科学探险活动，创造了极地探险史上诸多之最，是一次"历史性探险"。除此之外，因为中国和苏联两名科学家的加入，以及多国政府部门的参与，此次活动在国际政治与科学研究领域也产生了广泛而深刻的影响。

（一）探险史意义

人类的探险精神是不断探索未知、挑战前人的记录，取得新的突破。作为一次探险活动，1990年国际横穿南极科学探险活动创造了南极探险史上的诸多"首次"，被称为"历史性探险"。

国际横穿南极考察队是第一支借助非机械方式横穿南

极大陆的队伍。在国际横穿南极考察队之前，英国探险家欧内斯特·萨克里顿在1914年开展了帝国横穿南极活动，欧内斯特·萨克里顿原本也想借助非机械力实现横穿南极的目标，但是由于船在抵达南极大陆之前与冰山相撞，该横穿活动就此搁浅。1957—1958年维维安·富克斯和埃德蒙·希拉里领导的英国探险队，借助履带式雪地车横穿了南极。1981年雷纳夫·法因斯与其他两名成员借助雪地摩托车完成了横穿活动。现代交通工具的发展，帮助人类克服了南极大陆探险中遇到的诸多困难。但是用非机械力横穿南极大陆，一直是人类南极探险史上等待勇者去填补的空白。1990年国际横穿南极科学探险活动全程依靠狗拉雪橇和自助人力滑雪的方式完成，无疑是探险史上的首次。

在横穿南极大陆的路线选择上，1990年国际横穿南极科学探险活动也创造了探险史之最。1990年国际横穿南极科学探险活动以南极半岛北端的海豹冰原岛峰为起点，以南极大陆东海岸的苏联和平站为终点，总行程长达5 986千米，这是当时横穿南极的最长路线。在之前比较知名的横穿南极活动中，探险者无一例外在到达南极极点之后都选择继续向罗斯海方向前进。1989—1990年，与国际横穿南极考察队几乎同一时段开始横穿计划的意大利登山家莱茵霍尔德·梅斯纳在综合行程时间、横穿难度和费用成本等因素后，最后也选择将罗斯海岸作为终点，其路程长度和难度都远远低于国际横穿南极考察队选择的路线。《纽约时报》一篇记录 1990 年国际横穿南极科学探险活动的文章这样评价:"这次旅行花了 7 个月,考察队忍受了−80.5℃的低温和持续 50 天的风暴。从来没有人尝试过这么长的极地旅行,不太可能再有人这样做了。"

(二)政治意义

这次国际横穿南极科学探险活动时值《南极条约》生效期满 30 年,伴随着剧烈的国际形势变化,南极治理面临新的转折。作为当时南极时局的一个缩影,科学、环境与政治之间错综复杂的关系也在此次活动中得以体现。

科学探险活动结束之后,国际横穿南极考察队全体队员前往法国、英国、美国、日本、中国等国家进行访问,受到国际媒体的高度关注,威尔·斯蒂格在《横穿南极》一书中回忆道:"在每一站,我们都能收到积极强烈的公众舆论反应,这证明我们的活动的确激发了人类认识南极、关注南极的热情。他们会提出共同的问题:人类能够为保护南极做些什么?"[1] 活动组织的初衷是唤醒国际社会对南极环境保护的关注,"从某种程度上说,我们的横穿活动就是为了实现保护南极的目标"[2],而国际横穿南极科学探险活动在国际社会引发的热烈讨论,极大增强了人们对南极的关注度,标志着此次活动目的的初步达成。

---

[1] Steger W, Bowermaster J. Crossing Antarctica [M]. New York: Alfred A. Knopf, 1992: 288.
[2] 同上。

从更大层面来说，1990 年国际横穿南极科学探险活动为和平推进南极环境保护进程营造了良好的舆论环境。"这次活动的目标是倡导一份环境协议，在 1991 年《南极条约》重新开放审议之前，呼吁各国保持《南极条约》和平合作的原则精神。在活动结束之后，考察队队员前往其各自所在的国家进行访问，积极倡导多国政府同意将正在讨论的《南极采矿禁令》和协议附入《南极条约》。"1990 年国际横穿南极科学探险活动是融入当时国际大背景中的，是国际社会寻求和平合作潮流的一个缩影，正如威尔·斯蒂格所说："在（参加国际横穿南极科学探险活动）这 7 个多月里，世界经历了许多变化：柏林墙被推倒了，旧金山遭遇了地震，东欧剧变，曼德拉重获自由。我们也开始感受到这次的横穿南极活动会作为国际合作的蓝图融入这个变化的世界中。"①

1990 年国际横穿南极科学探险活动集中体现了科学、环境与政治的复杂关系，作为南极治理转折大背景下的一个分支活动，它最终也为南极治理转折的国际大势贡献了自己的力量。1991 年 10 月 4 日，《南极条约》缔约国在马德里签署《关于环境保护的南极条约议定书》，该议定书的签订成为《南极条约》"体系演变的承接转折"②，"无形

---

① Steger W, Bowermaster J. Crossing Antarctica［M］. New York：Alfred A. Knopf, 1992：288.

② 吴依林. 从南极条约体系演化看矿产资源问题［J］. 中国海洋大学学报（社会科学版），2009（5）：11-13.

中，'科学'和'环境'成了国际南极'游戏'中的两张牌"①。

（三）科学意义

1990 年国际横穿南极科学探险活动随行的科学家主要是来自中国的冰川学家秦大河和苏联的海洋物理学家维克多·巴雅尔斯基，两名科学家在科学探险活动中收集到许多宝贵的科研样本和数据，对南极科学研究有重要的意义，其中尤以对南极冰川学研究的贡献最为突出。

中国队员秦大河在科学探险活动中负责南极冰盖考察的工作，研究的开展需要收集雪样，考察队每走 4.8 千米或者每行进一纬度，秦大河就要挖一个 1.5～1.8 米深的雪坑并进行样本的收集工作，风雨无阻。采集雪样的过程十分复杂，研究者要在极其严寒的条件下持续少则半小时多则几个小时的工作，这需要极大的忍耐力和科学献身精神。在整个科学探险活动中，秦大河共挖了 100 多个雪坑，遍布东、西南极大陆。秦大河曾对威尔·斯蒂格说："采集雪样的过程往往很困难，但这是我的生活，是我来到这里的原因，是探寻南极洲冰川及其对全球环境影响状况的真相必须要做的。"② 在横穿过程中，考察队出现了物资补给不

① 吴依林.从南极条约体系演化看矿产资源问题［J］.中国海洋大学学报（社会科学版），2009（5）：11－13.
② Steger W, Bowermaster J. Crossing Antarctica ［M］. New York：Alfred A. Knopf, 1992：40.

足的情况，为了能够按时完成行程计划，队员们必须轻装简行。秦大河在精简装备时，为了完整地保留收集到的雪样，不惜把备用的衣物都丢掉，让-路易斯·艾迪安称他为"疯狂的科学家"。科学精神与科学信仰推动着科学家不断进行科学探索，坚韧奉献的科学精神支撑秦大河完成了颇为艰险的科考工作，此次南极科学探险活动中秦大河共收集了800多瓶雪样，其中包括人类在冰川学研究史上第一次采集到的"不可接近地区"的冰雪样品。威尔·斯蒂格曾提道："'不可接近地区'的雪样从来没有被收集过，全球研究同一领域的科学家们都在焦灼地等待秦大河带回来的雪样。"①

　　本次科学探险活动结束之后，秦大河采集到的800多瓶雪样被送往美国、法国和中国等多个国家研究所进行氧同位素的化学分析研究，雪样的污染情况也被进一步测量。活动结束后的几年里，秦大河与美国、法国、日本等多个国家的科学家合作，夜以继日地进行实验研究和理论总结，主编《1990年国际横穿南极考察队冰川学考察报告》，"在国际上取得了系统性的有关雪冰物理、化学和生物地球化学过程研究成果"②，其"重要科学认识包括：建立了南极冰盖学密实化三类过程的成冰慎独、年平均温度、雪的密度变幅、雪的压缩黏滞系数、晶体生长速率、C轴组构和

---

① Steger W, Bowermaster J. Crossing Antarctica［M］. New York：Alfred A. Knopf，1992：40.

② 王亚伟.2013年度沃尔沃环境奖：秦大河院士代表中国科学家首获殊荣［J］.气象科技进展，2013，3（6）：68-69.

扁平率等参数的定量标准；建立南极冰盖现代降水中稳定同位素比率与气候的定量关系；揭示了亚南极冰川一系列独有的特征"。[1] 在学术理论方面，秦大河关于南极冰盖表层物理性质与环境、气候关系的理论模式研究日臻成熟，并在国际上最早提出冰冻圈科学理论框架，以此指导冰冻圈变化相关问题，推动南极冰川学的研究不断取得重要突破。秦大河在我国率先开展南极冰盖冰川物理学、冰川化学和冰芯与气候环境关系的理论研究，这是向国际学术界反映我国南极冰川研究水平的代表任务，秦大河本人更是南极冰盖研究新领域的开拓者[2]，对中国乃至世界南极冰盖的考察研究作出了重要贡献。

1990年国际横穿南极科学探险活动完成了人类有史以来第一次国际合作横穿南极大陆的壮举，来自美国、法国、中国、日本、英国和苏联的6名队员通力合作，用实际行动证明了《南极条约》所规定的合作、和平与友谊精神在南极问题上依旧是最重要的，其广泛的影响唤起国际社会对南极生物、资源与生态环境的珍爱与关注，将人类凝聚在一起为共同保护这块科学研究圣地而努力。1990年国际横穿南极考察队所表现出来的热爱南极、热爱和平、团结合作、献身科学的精神将永载史册。

---

① 王亚伟. 2013年度沃尔沃环境奖：秦大河院士代表中国科学家首获殊荣[J]. 气象科技进展, 2013, 3（6）：68-69.
② 张园. 黄土地上崛起的科学巨星：秦大河 [J]. 人大研究, 1993（8）：46.

第二节

"雪龙"号服役，中国极地科考能力增强

　　开展极地考察事业，交通工具——破冰船是最基本、最核心的支撑设备。没有大型破冰船，人员和极地考察装备就无法运抵，开展极地考察就无从谈起。因此，我国政府始终把极地考察船的维护和建设摆在突出位置。1985年服役的"极地"号原本是就是一艘杂货船，该船具有IA级破冰能力，能破冰80厘米。这一破冰能力对于复杂的极区航行条件来说，是很不够的。1989年"极地"号在南极遇险被困，让破冰船的问题再次凸显出来。[①] 由于连续多年服役，进入20世纪90年代，"极地"号的承受能力几乎达到极限，已不能满足中国极地事业进一步发展的需要，急需一艘新的高等级破冰船加盟中国极地事业。

　　进入1990年，极地考察船的建造或购买被提上议事日

---

① 贾根整. 回顾我国早期的南极考察［N］. 中国海洋报，2014－10－16（A3）.

程。1990 年 6 月 5 日，南极委和国家海洋局联合做出
1990—1992 年为"南极环境年"的决定①。该决定除了南
极环境保护的内容之外，另外一项重要内容就是极地考察
船及其基地工程建设问题。当时，"极地"号隶属于国家海
洋局北海分局，并无专属停靠修整基地，这显然不利于船
舶的维护和保养。因此，南极委和国家海洋局决定建立一
个极地考察船专属基地。1990 年 6 月 25 日，经水利部上海
勘测设计研究院完成《极地考察船基地工程选址可行性研
究报告》后，中国极地研究所遵照国家海洋局和南极委的
指示，正式行文将这一报告报上海市人民政府。7 月 3 日，
上海市政府副秘书长夏克强就国家海洋局和南极委的函以
及中国极地研究所报的《极地考察船基地工程可行性研究
报告》，在上海市人民政府办公厅行文上批示"拟同意拟办
意见，请天增同志阅示"。② 次日，副市长倪天增圈阅该文
件，极地考察船基地工程正式获批。

我国政府于 1993 年购买了乌克兰的破冰船，改装而成
"雪龙"号。其实，起初是购买还是自己建造破冰船，我国
政府是倾向于后者的，并为此做了积极的准备。1990 年
8 月 3 日至 20 日，受南极委派遣，以南极办总工程师万国
才为组长的一行 6 人南极破冰船考察论证小组赴日本和澳

---

① 国家海洋局极地考察办公室.中国极地考察事业大事记［Z］.北京：国家海
  洋局极地考察办公室，1999：71.
② 中国极地研究中心.足迹：中国极地研究中心 20 年发展纪事［M］.北京：
  海洋出版社，2010：12.

大利亚考察①，目的就是学习借鉴成功经验，为建造破冰船做好方案论证。万国才在1987年就有建造破冰船的想法，他认为建造现代化的万吨级南极考察船势在必行②。此后，国内方面一直在为建造破冰船而做方案论证和其他准备工作。

1991—1992年，国家海洋局在下达给中国第8次南极考察队的任务书中，明确指出，要8次队开展极区船舶破冰航行试验。此项任务交由中国船舶工业集团有限公司第七〇八研究所承担。张炳炎院士领衔带领4人参加8次队，利用"极地"号在南极冰区航行期间，随船开展冰区破冰航行试验与资料、数据收集，为立足国内自己建造破冰船做先期准备。

1991年4月20日至24日，南极委在北京召开了南极考察破冰船方案论证会。中国船舶工业总公司、南极委、国家海洋局、地质矿产部海洋地质研究所、渤海石油公司、清华大学、中国水产科学研究院东海水产研究所和中国科学院海洋研究所等12个单位的领导和专家，共50人出席了会议。中国船舶工业集团有限公司第七〇八研究所介绍了研制南极考察破冰船的可行性及船型、动力方案的论证，国家海洋局海洋技术研究所介绍了南极考察破冰船的计算

---

① 国家海洋局极地考察办公室.中国极地考察事业大事记［Z］.北京：国家海洋局极地考察办公室，1999：72.

② 万国才.南极船的发展动态及我们应采取的对策［J］.海洋开发，1987（4）：60-65.

机网络和调查自动化方案。会后，建造南极考察破冰船的基本方案及其技术附件形成，并被上报国家决策。1992 年 3 月 3 日，国家科委、国家海洋局、南极委就建造南极考察破冰船一事联合请示国务院。请示中建议：① 自行设计建造破冰船；② 采用芬兰混合式贷款方式解决资金问题；③ 采用澳大利亚东方/半岛航运公司出资在中国船厂建造，我方租用，最后船产权归我方的方式。该请示后附 5 个附件。① 应该说，经过 2 年的酝酿和论证，中外合资建造破冰船的方案已经非常充分了，如果没有意外，中外合资建造破冰船应是板上钉钉的事情了。然而，国际形势的发展改变了中国政府的决定。

20 世纪 90 年代前后，国际局势风云变幻、动荡不安。1991 年 12 月 25 日，苏联解体，原先强大的苏维埃社会主义共和国联盟瓦解，15 个加盟共和国各自独立。乌克兰是较早脱离苏联（1991 年 8 月 24 日）而独立的国家，社会经济发展遇到困难。在此背景下，许多重工业生产难以为继，其中就包括乌克兰的重要工业门类——造船业。由于乌克兰濒临黑海与亚速海，得天独厚的地理位置为其国内造船业提供了优越的发展条件，乌克兰也因此拥有几座大型船舶制造基地，赫尔松船厂就是其中之一。② 当时，赫尔

---

① 国家海洋局极地考察办公室.中国极地考察事业大事记［Z］.北京：国家海洋局极地考察办公室，1999：76－82.

② 程之年.乌克兰：一个没落的造船"贵族"［N］.中国船舶报，2014－03－19（4）.

松船厂即将完成 8 艘同类型的北极破冰船的建造任务，但苏联解体后，经济困难的乌克兰即便开展北极考察，也显然不需要这么多北极破冰船，而俄罗斯等其他东欧国家也都刚刚独立，同样面临经济困难、国内问题尖锐的紧迫现实，短时间内不可能花巨资购买北极破冰船。这样，即将完工的 8 艘船对于赫尔松船厂来说，就成了烫手山芋，急需处理。彼时乌克兰已经建造了一批适用于两极地区航行的北极破冰船，因苏联解体，原船东放弃建造合同，其中柴油机直接带动可调距螺旋桨推进型式的一艘（即后来的"雪龙"号）已经下水且基本接近完成，价格便宜，性能符合我国的要求。

再看我国，到 1992 年，我国已持续开展南极考察近10 年，唯一的一艘极地考察冰区加强船"极地"号已服役多年，不堪重负。虽然进入 1990 年以来的头两年，国内一直在论证中外合资建造极地考察破冰船之事，但仍处于论证与报批阶段，更重要的是，新造破冰船难度很大，即便中外合资的方案可行，短时间内也很难造好，这样的话就难以满足中国南极考察的需要，难解燃眉之急。因此，尽快拥有一艘破冰船就成为中国极地考察事业之急需。在此背景下，乌克兰赫尔松船厂即将出坞的北极破冰船便进入了中国决策者的视野之中。

1992 年 7 月 31 日，南极委和国家海洋局联合报请国务院，建议购买乌克兰赫尔松船厂已建造的 8 艘同类型的北

雪龙探极

138

新中国极地事业发展史

极破冰船之一"Juvent"号，用来替代已被专家鉴定为拟停止去南极洲附近冰区航行的"极地"号，支持中国的南极考察事业。① 购买现船而不是自行建造破冰船正式成为南极委和国家海洋局的首选。

1992年9月28日，南极委召开全体会议，会议听取并审议了中国第9次南极考察队的任务、组成、航行汇报；听取了"极地"号目前状况以及购买新船的情况汇报。10月5日，南极委和国家海洋局报请国家计委并邹家华副总理、甘子玉副主任关于购买南极考察破冰船的经费约9 000万元。10月9日，受南极委和国家海洋局的派遣，由著名船舶设计专家张炳炎院士率领的船舶技术勘验小组一行4人（张炳炎、叶金龙、吴军、唐楠）赴乌克兰赫尔松船厂对拟购船进行了为期一周的技术评估工作，完成了《北极破冰供应船技术考察报告》，为国家提供了决策参考意见。10月27日，李鹏总理、邹家华副总理批示同意南极委从乌克兰购买破冰船②；1992年12月1日，中国、乌克兰正式签订购买合同。这样，购买破冰船就进入了实际操作层面。

1992年12月7日，南极委主任武衡为刚从乌克兰购买的这艘北极破冰船题写船名——"雪龙"号。12月18日，

---

① 国家海洋局极地考察办公室. 中国极地考察事业大事记［Z］. 北京：国家海洋局极地考察办公室，1999：85.
② 同上，第85－86页。

受南极委和国家海洋局的派遣，由著名船舶设计专家张炳炎院士率领的"雪龙"号监造、验收小组一行4人（张炳炎、费肇年、吴军、周庆余）先期赴乌克兰赫尔松船厂驻厂进行为期4个月的验收工作。1993年1月，以南极办张杰尧为负责人的3人接船领导小组（张杰尧、石永珠和张守国）及20名船员组成的接船人员分批赴乌克兰接"雪龙"号。2月24日，国家计委通知国家海洋局：南极委从乌克兰购买破冰船所需投资9 000万元，由国家计委和财政部各安排4 500万元。① 在这里，不得不提到"总理预备费"，购买"雪龙"号就用到了总理预备费。按照《中华人民共和国预算法》的规定，总理预备费的金额相对并不多，只占到中央全年预算的1%～3%。② 按照财政部的解释，这笔钱应该主要花在一些必须解决的临时性继续开支上。"雪龙"号的采购就是一项标准的总理预备费开支。当时因为乌克兰经济紧张，亟待出售一批船舶。这时再等到下一年中央开出专门预算已经来不及，所以就动用了总理预备费，这笔钱的总金额已经列在当年的预算中，并且也在全国人民代表大会上通过了，至于具体的开支项目，国务院常务会议决定即可，因此灵活性相当大。

1993年3月20日，经国务院批准，从乌克兰购买的新

---

① 国家海洋局极地考察办公室. 中国极地考察事业大事记［Z］. 北京：国家海洋局极地考察办公室，1999：88－89.
② 陆铭，冯雨，尤梦瑜，等. 总理的"私房钱"怎么用？［J］. 党员生活（湖北），2017（9）：8－9.

破冰船"雪龙"号完成正式交接仪式后，离开乌克兰启航，驶向上海港。①"雪龙"号原本是北极破冰供应船，并非专门的极地科考船。因此，"雪龙"号归国后，首先要解决的一个重大问题就是要对其进行改装，以满足赴南极科考之用。

1993年7月23日，南极委副主任、国家海洋局副局长葛有信主持召开专题会议，讨论研究"雪龙"号有关的问题。南极办郭琨、万国才，国家海洋局东海分局盛六华、傅维根等出席了会议。9月23日，南极委在北京召开全体会议，武衡、刘华秋、孙鸿烈、严宏谟等出席了会议。会议由南极委主任武衡主持。会议听取了南极办关于"八五"计划的执行情况、第10次南极考察计划的变更、新购"雪龙"号的情况等②。关于"雪龙"号改装的计划也正式启动。

1994年3月8日，国家科委就国家海洋局"雪龙"号破冰船改装需要3 100万元经费向国务院请示，并附有国家海洋局《关于申请"雪龙"号破冰船改装经费的请示》和南极委、国家海洋局《关于从独联体购买破冰船的请示》。5月5日，国务院领导批准《关于为国家海洋局"雪龙"号破冰船免税的请示》，同意对国家海洋局进口的"雪龙"

---

① 国家海洋局极地考察办公室.中国极地考察事业大事记［Z］.北京：国家海洋局极地考察办公室，1999：90.
② 同上，第90－91页.

号破冰船及其配套设备免征关税和进口环节增值税，对于今后每年进口用于维修该船的零配件和用于科学考察的仪器设备的免税问题，可比照此例办理。应该说，购买"雪龙"号的整个过程是在特殊情况下快速决策、快速实现的。在国家的高度重视下，各方积极配合，"雪龙"号的改装工作顺利进行。"雪龙"号在改装完成后可载货 10 225 吨，续航力 8 000 海里，可增加到 14 000 海里，自持力 50 天，最大航速达到 17.5 节（1 节 = 1.852 千米/时），在航速为 1.5 节时，可连续破 1.1 米厚冰，并可搭载两架 Ka - 32 直升机。①

经升级改造后，"雪龙"号主甲板以上的所有设备设施全部更新。船上的洁净实验室面积也从原来的 200 多平方米扩大到 580 平方米，并全部更换了实验室设备，还新建了大气取样室、数据处理中心、样品间、伸缩吊车等科研设施。改造后的"雪龙"号具有先进的导航、定位、自动驾驶系统，配备有先进的通信系统及能容纳 2 架 Ka - 32 直升机的机库和 1 个停机坪及配套设备。此外，还配备了 1 架"雪鹰"号直升机、1 艘黄河艇以及 1 只中山驳以提高航行保障和运输能力。不仅如此，"雪龙"号装有可调式螺旋桨，航行时操作灵活，有利于破冰。船体用 E 级钢板建造，即使在-40℃的严寒气候条件下，也不会变形。该船可

---

① 逯松荣."雪龙"号极地考察船［J］.海洋世界，1995（1）：24.

运输杂货、大型重型货物及各种车辆（带滚装仓）、冷藏货物、贵重货物、炸药、矿物、标准集装箱以及各种油料。

为了更好地服务于科研任务，"雪龙"号在舱室的设计划分上也更加专业。船上设有大气、水文、生物、计算机数据处理中心、气象分析预报中心和海洋物理、海洋化学、生物、地质、气象等一系列科学考察实验室。在"雪龙"号的水文资料采集室中，安装了可以用来探寻磷虾及其他极区水生动物的鱼探仪，可在航行时测定海水流速、方向的多普勒海流计，以及用于测量海水温度、盐度、深度的温盐深剖面仪等一大批先进的仪器设备。一般考察队队员2人一屋，每间10平方米左右，有中央空调，有24小时供应热水的卫生间，冰箱、衣柜、写字台等一应俱全，房间里还有端口可供上网发邮件。"雪龙"号还设有游泳池、图书馆、健身房、室内篮球场、网吧、卡拉OK、洗衣房、手术室等完善的医疗设施和生活娱乐设施。游泳池所用的海水都是从洁净的大海里新抽取的，自然没有污染。船上有128张铺位，为极区考察工作提供了基本必备条件，可航行于世界任何海区。

1994年6月29日，国家海洋局通知东海分局，1994—1995年由"雪龙"号破冰船担任运送第11次南极考察队中山站越冬队和度夏队队员、物资和油料的任务，同时接回第10次南极考察队越冬队和第11次南极考察队度夏队队员，并承担南大洋科学考察任务。8月13日，国家海洋局东海分局向国家海洋局报告"雪龙"号 1994 航次南极考察实施计划。8 月 20 日，国家海洋局召开专题会议，听取东海分局关于"雪龙"号 1994—1995 年度首次南极考察实施计划的汇报，对"雪龙"号首次去中山站等有关问题进行了讨论。10 月 7 日，国家海洋局召开了南极科考船舶指挥大交班会议。①"雪龙"号执行南极考察任务的准备工作基本完成。

1994 年 10 月 28 日，上海民生港码头彩旗飘扬，锣鼓喧天。"雪龙"号破冰船首航仪式隆重举行，焕然一新的"雪龙"号格外引人注目。在人们的欢呼声中，中国第 11 次南极考察队中山站队（99 人）乘上"雪龙"号破冰船，离开祖国，驶向中国南极中山站。②中国南极科考事业也由此开启了新的篇章。

"雪龙"号于 1994 年 10 月 28 日从上海出发，首航执行中国第 11 次南极考察任务，并由此开启了它的辉煌历程，迄今已 27 年。中国极地研究中心微信公众号"雪龙探极"曾对"雪龙"号的辉煌战绩有过概括总结。

"雪龙"号（见图 3-1）是继"向阳红 10"号、"极地"号之后的中国第三代极地科学考察船，也是中国首艘极地科学考察破冰船。1999 年 3 月 31 日，"雪龙"号破冰

---

① 国家海洋局极地考察办公室.中国极地考察事业大事记［Z］.北京：国家海洋局极地考察办公室，1999：97-99.
② 中国极地研究中心.足迹：中国极地研究中心 20 年发展纪事［M］.北京：海洋出版社，2010：21.

船划归中国极地研究所建制和实施管理。经 1995 年、2007
年和 2013 年多次改造和设备更新，"雪龙"号成为中国极
地海洋调查和极地考察后勤支撑保障的中坚力量。"雪龙"
号船长 167 米，宽 22.6 米，船上拥有先进的通信导航系
统，配有可容纳 2 架直升机的机库和 1 个停机坪。船上装
备有 A 型架、万米地质绞车、生物拖网绞车、温盐深剖面
仪绞车、生物水文绞车、深水多波束、表层海水走航观测
系统以及温盐深剖面仪等观测采样设备；设有气象、物理、
化学、生物、地质、综合等 500 余平方米的实验面积，配
备通风橱、洁净工作台、无菌操作台、纯水机、超低温冰
箱等基础设备，同时还拥有低温实验室和低温样品储藏库，
可以满足多学科基础环境调查的需求。

图 3-1   "雪龙"号破冰船

多年来，"雪龙"号承担了中国南极考察的运输任务，同时承担了南极普里兹湾等重点海域的调查任务，为推进中国南极事业的快速发展起到了中流砥柱的作用。2009年1月，"雪龙"号力助中国第25次南极考察队内陆冰盖队在南极内陆冰盖海拔最高的冰穹A地区实施昆仑站建设。2009—2010年度中国第26次南极考察间，"雪龙"号先后6次穿越西风带。2013—2014年度中国第30次南极考察期间，"雪龙"号首次执行环南极航行任务，并成功支撑了南极泰山站建设。2018年3月，中国第34次南极考察队搭乘"雪龙"号，首次进入阿蒙森海海域进行科学调查，获得了南极绕极流核心区域全深度大断面观测数据。

"雪龙"号自1999年起还承担了中国北极科学考察重任，在白令海、楚科奇海、加拿大海盆等北极太平洋扇区海域开展了系统的多学科综合考察；同时试航北极东北、西北和中央航道，获取了第一手航道环境资料。1999年7月1日，"雪龙"号从上海首航北极，历时71天，对北极太平洋扇区海域的海洋、大气、生物、地质、环境等进行了大规模综合考察。2010年8月26日，正在执行中国第4次北极科学考察的"雪龙"号抵达北纬88°26′、直升机抵达北极极点开展科学考察，创造了中国北极考察史上考察区域最北的一个新纪录。2012年7月至9月，中国第5次北极科学考察试航东北航道，"雪龙"号成为中国航海史上首艘穿越东北航道的船舶。2017年7月至10月，在中国第 8 次北极科学考察期间，"雪龙"号先后穿越中央航道和西北航道，并与加拿大合作开展了西北航道地形地貌探测。

截至 2020 年 5 月，"雪龙"号共承担了 23 次南极考察和 9 次北极考察任务，出航 4 100 多天，航行里程达 75 万余海里，承担了绝大部分南极考察物资和人员输运以及极地海洋调查任务，支撑了中国南极昆仑站和泰山站建设，承担了"国际极地年中国行动计划"和"南北极环境综合考察与评估"等专项任务，成绩斐然。

"雪龙"号入列的 27 年里，航迹遍及五大洋，对南、北极海洋的调查涵盖了南大洋的普里兹湾、南极半岛邻近海域、罗斯海、阿蒙森海以及北极白令海、楚科奇海、北冰洋中央区等重点海域。在调查过程中，无人冰站观测系统、无人缆控深潜器等一批新技术得到应用，极大提升了环境观测的广度和持续性，为中国认知南北两极作出了积极贡献。

值得一提的是，"雪龙"号还在一次国际救援中发挥了重要作用。2013 年 12 月 25 日，"雪龙"号正在南极海区执行我国第 30 次南极考察任务。北京时间凌晨 6 时，驾驶员收到最高等级遇险求救信号，一艘俄罗斯科学考察船"绍卡列斯基院士"号在接近南极大陆边缘被海冰困住，它基本没有破冰能力，无法动弹，同时受到不断靠近的冰山威胁。船上载有世界各国科学家、游客和船员 74 名。南极大陆边缘海区的船是很少的，因为浮冰多，航行危险，只有破冰船适合接近。而世界上拥有破冰船的国家本来就少，有能力去南极科考的更少。这时候，在俄罗斯船附近的破冰船有 3 艘，它们是澳大利亚的"南极光"号、法国的"星盘"号、我国的"雪龙"号。"雪龙"号距离出事船舶最近，600 海里，相当于上海到长沙的距离。"雪龙"号此行载有中国第 30 次南极考察队，他们负有重要科考使命，但是人道主义救援是更重要的国际责任。70 多人的遇险规模，在人迹罕至的南极大陆边缘算是一场空前的灾难。这可能是南极科考史上迄今最大规模的一次营救行动了。

"雪龙"号船长王建忠在收到俄方求救信号后立即改变航向，加速奔向出事地点。为争取时间，"雪龙"号从气旋中心穿越，于 27 日下午到达距离俄船 6.1 海里处。2014 年 1 月 2 日，"雪龙"号舰载直升机有惊无险地以 6 架次 9 个小时完成了对遇险船舶上 52 名乘客的营救。各国乘客从俄罗斯船边的冰面登机，被运送到澳大利亚船边的冰面着陆，再被送到澳大利亚船上去，直接送回澳大利亚港口。当日，全世界舆论都在为这一次成功救援喝彩。美国《侨报》称之为新年里一场牵动人心的好莱坞大片般的国际救援。

2014 年 11 月 18 日，正在澳大利亚访问的中国国家主席习近平在澳大利亚时任总理阿博特的陪同下参观了南极科考项目，并慰问了中国、澳大利亚两国科考人员。随后，习近平主席前往码头，登上正在执行中国第 31 次南极考察任务、停港补给的"雪龙"号，参观了中国极地考察 30 周年图片展并慰问了全体科考队员①，这体现了国家对极地新兴领域以及中国极地考察事业的高度重视。在此次慰问期间，习近平主席提出的"认识南极、保护南极、利用南极"，成为中国南极事业新发展的指导原则。

---

① 李斌，钱彤.习近平慰问中澳南极科考人员并考察中国"雪龙"号科考船
  [N].人民日报，2014‑11‑19（1）.

第三节

首次北极科学考察成功实施，中国极地事业空间拓展

中国地处北半球，北极的气候环境过程直接影响着中国的气候与环境变化，并且关系到中国当前和未来经济与社会的可持续发展。显然，北极对中国的影响要比南极更直接、更密切。然而，在较长一段时间里，中国对北极的了解要比对南极的了解少得多，其原因在于，南极是海洋包围着陆地，属于蛮荒之地，我们可以远渡重洋，在陆地上建站进行常年科学考察；而北极则是陆地包围着海洋，这些陆地早有归属，在别国领土上建站进行常年科学考察需要进行一系列外交谈判，这本身要比科学考察复杂得多。与此同时，若不在北极建站考察，而是乘船到北极考察，只能以拥有破冰船为前提。① 囿于这些客观因素，一

---

① 国家海洋局极地考察办公室. 中国南北极考察 [M]. 北京：海洋出版社，2000：142 - 146.

直到 1999 年，中国政府才正式开展第一次北极科学考察。

一、中国与北极的历史渊源

不过，中国与北极的关系却绝非这么简单。事实上，中国与北极的渊源颇深，也可以说是有着国际法认可的法定关系。这一切都要从 20 世纪 20 年代讲起。

20 世纪初，国际局势动荡，北极因其丰富的资源禀赋和优越的地理位置，成为世界各主要大国的争夺对象。北极的斯匹次卑尔根群岛地区就因为主权归属问题而成为焦点。各国斗争与妥协的结果，就是《斯匹次卑尔根群岛条约》的签订。1920 年 2 月 9 日，美国、英国、丹麦、法国、意大利、日本、挪威、荷兰和瑞典等 18 个国家的全权代表在巴黎签署了《斯匹次卑尔根群岛条约》，这是解决北极有争议领土主权问题的唯一条约（尽管它没有像《南极条约》那样形成条约体系）。《斯匹次卑尔根群岛条约》规定，各缔约国同意承认挪威对斯匹次卑尔根群岛连同熊岛，包括北纬 74°~81°、东经 10°~35° 之间的一切岛屿具有充分和完全的主权；条约又规定各缔约国的船舶和国民具有在上述各地区及其领水内行使捕鱼和打猎的权利；一切缔约国的国民应有同等自由进入、停留于上述地区水域、海湾和海港的权利，不论什么原因和目的，他们在遵守当地法律规章的条件下，在完全平等的基础上，毫无阻碍地从事一切海洋、工业、矿业的业务活动。① 也就是说，尽管斯匹次卑尔根群岛主权属于挪威，但《斯匹次卑尔根群岛条约》的缔约国公民，只要不与挪威法律相抵触，可以自由进入和逗留。目前，挪威已把斯匹次卑尔根群岛与熊岛列为一个行政管理区，称之为斯瓦尔巴群岛，首府为朗伊尔城。

《斯匹次卑尔根群岛条约》是在 1920 年初签订的，尽管当时的中国政局不稳，但作为第一次世界大战的战胜国，中国积极参与国际事务。1925 年，当时的北洋政府批准加入了《斯匹次卑尔根群岛条约》，中国与北极从此联系在了一起。② 尽管这之后很长一段历史时期中国没有派考察队到这里进行北极考察和资源开发，但因为《斯匹次卑尔根群岛条约》是举世公认的国际法，这为后来中国进入北极开展科学考察、建立考察站、参与北极国际事务奠定了一定基础。

中国的北极活动远远早于南极活动。很难考证最先进入北极圈的中国人是谁，有学者从康有为的遗篇断定，1908 年康有为偕同女儿康同璧是第一批到达北极的中国人，但仅仅根据日记式的描述作此判断不一定是准确的。中国历史文献出现的北极记录很多，只能说康有为可能是

---

① 卢芳华. 挪威对斯瓦尔巴德群岛管辖权的性质辨析：以《斯匹次卑尔根群岛条约》为视角 [J]. 中国海洋大学学报（社会科学版），2014（6）：7－12.

② 段鑫. 中国加入《斯匹次卑尔根群岛条约》史实考述 [J]. 云南师范大学学报（哲学社会科学版），2019，51（2）：109－118.

第一个到达北极的中国政治名人或知名学者。① 20 世纪初，有关北极的书籍在中国翻译和出版，北极知识通过各种途径在中国广泛传播，这对培养国人的极地意识，显然是大有裨益的。

二、中华人民共和国成立以来中国人的北极之旅

中华人民共和国成立后，最先关注北极的是著名科学家竺可桢先生。1964 年，中共中央批准成立国家海洋局。在赋予国家海洋局的 6 项任务中，包括"将来进行的南、北极海洋考察工作"。这是中华人民共和国政府最早关于北极地区的政治决策。但这之后，由于国内环境的变化，进行北极科学考察的任务没有付诸实施。1977 年，国家海洋局各项工作全面恢复，并提出了"查清中国海、进军三大洋、登上南极洲"的规划目标，这里的"三大洋"是指太平洋、大西洋、印度洋，北冰洋并没有包括在内。② 这被认为是中国北极科学考察晚于南极的主要原因。尽管中国开展北极科学考察的时间比较晚，但中国人在北极的活动却一直存在。

1951 年，中国在加拿大多伦多大学的留学生高时浏（武汉测绘学院）随加拿大科学工作者进入北极圈，从事地

---

① 北极问题研究编写组. 北极问题研究［M］. 北京：海洋出版社，2011：347.
② 严宏谟. 回顾党中央对发展海洋事业几次重大决定［N］. 中国海洋报，2014－10－08（4）.

磁测量工作，到达地球北磁极（北纬71°、西经96°），成为第一个进入北极的中国科学工作者。1958年和1959年的夏天，谢自楚在莫斯科大学地理系留学期间，两次奉派赴北极实习。1958年11月12日，新华社派驻莫斯科记者李楠乘坐伊尔-14型飞机，从莫斯科出发，飞行1.3万千米，进入北极，采访苏联北极第七号浮冰站（北纬86°38′、西经64°24′）和在北极极点着陆，完成了北极考察，并于1961年出版了《北极游记》，成为第一个到达北极极点的中国人。①

改革开放以来，随着我国综合国力的持续增强和对外交往的日益频繁，北极也变得与中国人越来越近。1982年6月，在英国剑桥大学进修的中国学者卢顺容（中国地质大学教授）曾参加其导师哈兰德教授主持的北极地质考察项目，到斯瓦尔巴群岛考察过。② 进入20世纪90年代，我国开始了北极科学考察的前期准备工作，先后派出科学家和科技管理人员到环北极国家进修学习和进行科研合作，一些科学机构和民间团体也陆续组织北极科学考察与探险活动。

1991年2月9日至12日，应南极委邀请，美国著名极地探险家威尔·斯蒂格先生及其探险活动组织者卡西·迪

① 北极问题研究编写组.北极问题研究［M］.北京：海洋出版社，2011：362.
② 晶晶.北极科考的第一个中国女性：卢顺容［J］.科技文萃，1995（6）：179－181.

莫尔女士和中岛裕广先生访华，与南极委商谈组织"1994年北极科学探险队"事宜。8月3日至9日，中国科学院大气物理研究所研究员高登义应挪威卑尔根大学邀请，参加了由挪威、俄罗斯、中国和冰岛4国科学家组成的北极科学考察队，在斯瓦尔巴群岛及其邻近海域进行科学调查。在北纬80°10′48″、东经30°00′30″的浮冰上，连续进行了7天的大气物理观测，并首次展开了中国的五星红旗。9月7日，供职于德国科学考察船"北极星"号的3名中国人（上海的屠剑峰、香港地区的俞忠良和台湾地区的杨建章）在执行国际北极海洋考察任务的"北极星"号抵达北极极点时，他们把一面中华人民共和国国旗插在了北极极点上。1991年，南极办派出国晓港、张福刚等赴加拿大考察拟进行的中国北极科学考察路线，提出从加雷索鲁特市出发到北极极点的计划；计划派出陶丽娜赴美国学习北极科学考察的经验和管理方法，卫梦华赴美国阿拉斯加州巴罗市考察。①

1992年开始，国家海洋局第二海洋研究所与德国极地研究所基尔大学和不来梅大学合作开展了为期5年的北极海洋生态科学考察，对北极生态系统结构和北极对海洋生态的影响进行研究。6月1日至9月1日，陶丽娜以单位公派访问学者身份赴美国国际北极计划办公室进修"极地科

---

① 北极问题研究编写组. 北极问题研究［M］. 北京：海洋出版社，2011：362－363.

学考察管理"。①

1993年4月8日,香港地区记者李乐诗女士乘加拿大飞机到达北极极点,成为第一个到达北极极点的中国女性,并在北极极点展开中国的五星红旗。这一年,根据中国科学院与美国阿拉斯加北坡自治区签订的北极科学考察研究合作协议,高登义、张青松、竺菁等科学家在北极斯瓦尔巴群岛、阿拉斯加地区参与大气科学、地学和生物学的国际合作考察研究。中国科学技术协会(以下简称"中国科协")也在1993年成立中国北极科学考察筹备组,派出沈爱民、卫梦华和李乐诗3人从美国阿拉斯加进入北极考察。②

1994年1月至2月,国家测绘局的周良赴芬兰北极拉普兰地区进行全球卫星定位系统(global positioning system, GPS)技术考察。4—5月和8—9月,中国科学院海洋研究所祝茜博士赴美国阿拉斯加州巴罗等地进行北极露脊鲸考察。8—9月,中国科学院地理研究所张青松研究员和中国科学院兰州冻土研究所侯书贵博士赴美国阿拉斯加的北极地区进行气候与环境变化的观测研究及北极大型海洋动物的眼部解剖学对比研究。③ 张青松也通过岩芯钻孔的方法取

① 国家海洋局极地考察办公室.中国极地考察事业大事记 [Z].北京:国家海洋局极地考察办公室,1999:84.
② 北极问题研究编写组.北极问题研究 [M].北京:海洋出版社,2011:363.
③ 同上。

得了过去 450 年阿拉斯加州巴罗地区埃尔松潟湖的高分辨率环境数据，从而研究巴罗地区近 500 年来的气候环境变化。^①

1993 年 3 月 10 日，由中国地理学会等 7 个全国性学会发起，经中国科协批准成立了中国北极科学考察筹备组。6 月 24 日，孙枢、周秀骥、马宗晋、陈运泰等科学院院士和有关极地专家全面论证了筹备组提出的《北极科学考察与全球变化断面研究的计划与设想》，并一致同意将其作为中国北极科学考察的长远规划，其宗旨是开展北极与全球变化研究，为我国 21 世纪生存环境的调整提供科学依据。1994 年 2 月 24 日至 26 日，筹备组召开了首届中国北极科学考察研讨会，孙鸿烈、周秀骥、马杏垣、李廷栋等科学院院士和有关极地专家，审查通过了《中国北极科学考察的优先领域和重点项目》，拟定了 1995 年和 1996 年两阶段科学考察路线、项目和实施方案，在此基础上，经有关研究机构和学术团体的反复酝酿，形成了首次北极极点科学考察队的工作内容和执行计划，即围绕全球变化这一核心，开展冰雪、海洋、环境、遥感遥测、生物生态等项目研究，所有课题都是在大量分析国外同类研究成果的基础上提出的，并不苟求面面俱到，而是着眼于现有条件下可能孕育的生长点。

1995 年是中国北极科考史上的重要年份。1995 年 1 月

---

① 张青松，李元芳，杨惟理，等. 北极巴罗 Elson 潟湖过去 450 年气候与环境变化记录 [J]. 第四纪研究，1996 (3)：211 - 220.

19日至27日，考察队在东北松花江冰面上开展了封闭模拟训练，检验了所有预备队员的身心状态及仪器设备的可操作性，之后不同层次的论证会详细审查了课题的实施方案及承担人员的能力，经主管部门批准，完成了组队。中国首次北极极点科学考察是由中国科协主持，中国科学院组织的大型境外科考活动，以政府支持、民间集资方式运作，得到了新闻界、科学界和企业界的大力支持与广泛参与，考察队由25名队员组成，除1人来自香港地区外，其余分别来自全国七大部委，涉及18个单位。

　　1995年3月26日早晨升旗仪式后，天安门国旗班的战士将一面曾在天安门广场飘扬的国旗移交给中国首次北极极点科学考察队。3月30日，中国首次北极极点科学考察队离开北京前往美国，中国北极科学考察计划正式启动。1995年3月31日，全体队员离境，经美国赴加拿大哈得孙湾开展负重滑雪和驾驶狗拉雪橇的训练。4月22日，7名科学考察队队员由设在加拿大北极群岛孔沃利斯岛上的雷索柳特基地（北纬74°）出发，沿西经80°的冰面自北纬88°向北极极点进发，跨越了波弗特海环流区和贯极点洋流带这两大北冰洋的重要系统。5月6日，北京时间上午10时55分，中国首次北极极点科学考察队到达北极极点，并升起了由天安门广场国旗班战士递交给他们的中华人民共和国国旗。① 该次考

---

① 国家海洋局极地考察办公室.中国极地考察事业大事记［Z］.北京：国家海洋局极地考察办公室，1999：105－106.

察的科学目标是了解北极对全球环境变化的影响和响应，内容包括海洋、冰雪、大气、古环境、生态、遥感和大地测量等方面。考察队具体实施了 4 个课题的考察，共采集各种样品 542 个，取得观测数据上万个，其中北极极点的第一手资料属我国首次突破。[①] 5 月 11 日，中国首次北极极点科学考察队圆满完成既定任务后安全回到北京。在北京机场考察队受到各界代表、群众和部分家属的热烈欢迎。5 月 31 日，中国科协通知中国北极科学考察筹备组，鉴于中国首次远征北极极点科学考察活动已经完成，国家科委也明确建议由国家海洋局统一协调、管理极地研究，以科技团体形式启动我国北极科研事业的目的已经达到，因此决定撤销中国北极科学考察筹备组。[②]

这次科学考察任务的圆满完成，填补了我国自然科学研究地域上的空白，证明中国科学家有能力深入北冰洋腹地开展科考观测和取样，部分科研成果及野外执行情况已提交 1995 年 12 月 21 日在美国召开的第二届国际北极科学大会，为我国加入国际北极科学委员会（The International Arctic Science Committee，IASC）奠定了基础。不久后，首次远征北极极点科学考察活动被评选为 1995 年中国十大科技新闻之首。

---

① 国家海洋局极地考察办公室.中国南北极考察［M］.北京：海洋出版社，2000：146.
② 国家海洋局极地考察办公室.中国极地考察事业大事记［Z］.北京：国家海洋局极地考察办公室，1999：106 - 107.

三、中国北极科学考察事业的酝酿、准备与实施

1995年4月11日，国家科委办公厅致函中共中央办公厅，建议由国家海洋局统一协调、管理极地研究，以免另起炉灶，以集中优势力量和资金开展研究工作。1996年3月22日，国家海洋局就其南极考察办公室更名为国家海洋局极地考察办公室（以下简称"极地办"）一事，报请中央机构编制委员会办公室批示。1996年8月27日，中央机构编制委员会办公室同意南极办更名为极地办。① 这就在决策和管理体制上为开展北极科学考察做好了准备。

要开展北极科学考察，学术上的准备工作也非常重要。1995年10月16日，中国科学院成立中国科学院极地科学委员会，以便更好地开展南极、北极等极端地理单元的考察研究，促进我国全球变化研究。陈宜瑜担任委员会主任，秦大河担任副主任，刘小汉担任秘书长。委员有：王荣、刘小汉、刘嘉麒、吕达仁、吕纯操、李华梅、陈宜瑜、沈炎彬、张青松、赵进平、姚檀栋、秦大河、高登义、徐文耀、郭华东、曹同、梁彦龄、程尔晋，还有顾问23名。② 1996年，陈宜瑜、秦大河、高登义等人访问挪威，与挪威在开展科学合作方面进行交流，并对在北极斯瓦尔巴群岛建站事宜进行沟通，为之后黄河站的建设打下

---

① 国家海洋局极地考察办公室.中国极地考察事业大事记［Z］.北京：国家海洋局极地考察办公室，1999：105–117.
② 同上，第109页。

基础。①

1995年，中国科学院派出以秦大河为首的6人科学代表团（成员有高登义、张青松、刘健、刘小汉、赵进平）以观察员身份参加在美国举行的IASC会议，就中国科学家申请加入IASC一事进行答辩。鉴于中国科学院在北极地区具有3年以上的科学考察研究历史，并有相应发表的北极科学论文和著作，符合IASC的入会条件，中国科学家以中国科学院的名义加入了IASC。② 事后，国家海洋局与国家科委荐商后，与IASC秘书处沟通，1996年4月23日，在德国不来梅举行的IASC理事会会议上，一致通过中国成为IASC成员国，中国极地考察工作咨询委员会是IASC的中国代表。至此，中国成为IASC的第16个成员国。中国代表团在会上报告了中国北极科学考察的历史活动和科研成果，以及中国未来的北极科学考察计划，受到与会各国的关注。③ 1996年，我国有关单位参加了IASC的白令海计划、国际北极浮标计划。国家自然科学基金委员会支持了北极冰数值模拟研究和北极变化研究项目等。④ 在此背景下，中国开展北极科学考察的步伐开始加快。

① 高登义，邹捍，周立波，等.极地大气科学考察研究与展望［J］.大气科学，2008，32（4）：882－892.
② 北极问题研究编写组.北极问题研究［M］.北京：海洋出版社，2011：363.
③ 国家海洋局极地考察办公室.中国极地考察事业大事记［Z］.北京：国家海洋局极地考察办公室，1999：114.
④ 国家海洋局极地考察办公室.中国南北极考察［M］.北京：海洋出版社，2000：146.

　　1997年1月31日至2月20日，中国极地研究所研究员刘瑞源随同日本极地研究所和田博士赴挪威斯瓦尔巴群岛的国际北极研究基地新沃勒松站进行高空大气物理科学考察，具体内容包括北极光观测、高空大气物理学和大气科学观测系统调研。5月5日至7日，IASC年会在俄罗斯的圣彼得堡举行。来自17个国家、6个国际组织和机构的46名代表、观察员和特邀代表出席了会议。中国派出以极地办主任陈立奇为团长的4人（陈立奇、董兆乾、刘建、吴依林）代表团参加了这次会议。① 会议分为3个部分：第一部分是地区委员会会议，主要协调环北极8个国家之间的意见和看法；第二部分是年会，主要报告IASC一年来项目的进展情况以及对新项目的建议和想法；第三部分是IASC的成员国理事会，主要对IASC的工作机制、与地区委员会的关系等进行讨论。② 8—9月，中国科学院大气物理研究所曲绍厚、高登义和中国气象科学研究院卞林根3人，由国家自然科学基金委员会赞助，与挪威卑尔根大学和斯瓦尔巴大学叶新教授等合作，乘挪威"Lance"号考察船，使用多个观测系统在斯瓦尔巴群岛不同下垫面（浮冰区、开阔海域和陆地等）进行大气边界层结构和湍流通

---

① 国家海洋局极地考察办公室.中国极地考察事业大事记［Z］.北京：国家海洋局极地考察办公室，1999：121-122.
② 董兆乾.国际北极科学委员会1997年年会在俄罗斯彼得堡召开［J］.极地研究，1997（2）：84.

量等观测。①

1998 年 4 月 26 日至 28 日，IASC 年会在美国阿拉斯加州费尔班克斯的阿拉斯加大学举行。出席会议的有来自美国、加拿大等 17 个国家的代表和观察员。以极地办主任陈立奇为团长的 4 人（陈立奇、秦大河、刘健、王勇）中国代表团出席了会议。会议的主要内容是报告过去一年中全球变化对北极地区的作用和影响；邀请部分科学家、政策制定者和北极研究成果的使用者共同探讨北极稳定持续发展所必须优先考虑的问题。②

1998 年 5 月，极地办陈立奇、王勇和中国极地研究所颜其德赴斯瓦尔巴群岛，考察其自然环境、科学考察基地和探讨中国在此建立科学考察站以及开展国际科学合作的可行性。③ 7 月 14 日至 8 月 5 日，国家海洋局派出以副局长陈炳鑫为团长的 4 人（陈炳鑫、陈立奇、陶丽娜、袁绍宏）中国北极考察团赴俄罗斯，就组织好中国首次北极科学考察工作与俄罗斯合作事宜进行会谈，并对北极航线进行具体考察。中国北极考察团乘坐俄罗斯的核动力破冰船"苏维埃联盟"号于 7 月 23 日抵达北极极点，升起中国国旗，并采集了冰雪样品。在返回途中，考察团先后登上法

---

① 北极问题研究编写组.北极问题研究［M］.北京：海洋出版社，2011：364.
② 国家海洋局极地考察办公室.中国极地考察事业大事记［Z］.北京：国家海洋局极地考察办公室，1999：131.
③ 北极问题研究编写组.北极问题研究［M］.北京：海洋出版社，2011：364.

兰士约瑟夫地群岛和新地岛，进行实地考察和采集样品。回国后，考察团就中国首次北极科学考察提出建议，为中国首次北极科学考察航线的选择和实施方案提供科学依据。建议内容包括：中国首次北极科学考察计划所确定的项目应充分利用北极考察已有的资料和成果，与国际接轨；围绕资源和环境选择海-冰-气相互作用等有限目标，获取更有价值的资料和成果；应通过中俄科技合作工作组，签订中俄北极合作的政府间协议。① 至此，中国国家北极科学考察行动正式步入轨道。

1998年8月24日至28日，全球变化与极地作用研讨会在挪威特罗姆瑟举行。国家海洋局派出以极地办秦为稼为团长的3人（秦为稼、孙洪、朱增新）代表团出席了会议。会议涉及南北极与全球变化关系课题的共轭研究，对正处于筹备阶段的中国北极科学考察工作，特别是在研究课题的设置与确定，具有一定的指导意义。8月10日，董兆乾执笔起草的"中国首次北极科学考察计划"提交到极地办。9月17日，中国首次北极科学考察计划专家评审会在京召开，来自7个部委的14名院士出席了会议。与会专家经过认真讨论后认为，北极在全球变化中的作用十分明显，并影响中国的气候变化，北冰洋与北太平洋水团交换，对北太平洋环流的变异有重要影响。因此，中国

---

① 国家海洋局极地考察办公室. 中国极地考察事业大事记［Z］. 北京：国家海洋局极地考察办公室，1999：133.

开展北极科学考察很有必要，而且中国已积累了极地科学考察的经验，具备了装备先进的技术支撑条件，开展北极科学考察的条件已经成熟。专家组一致同意中国首次北极科学考察计划，但需要进一步突出重点，制订出详细可行的实施方案，建议国家对首次北极科学考察给予必要的支持。会议由国家海洋局副局长陈炳鑫主持，局长张登义出席会议。极地办主任陈立奇向专家们介绍了中国首次北极科学考察计划的基本思路和编制过程。[①] 在这次会议的基础上，中国首次北极科学考察计划的请示形成了，被上报国务院。

1999 年 1 月 25 日，国务院总理朱镕基圈阅同意国土资源部《关于呈报中国首次北极科学考察计划的请示》。圈阅同意的国务院副总理有李岚清、钱其琛、温家宝。中国首次北极科学考察相关准备工作进入冲刺阶段。4 月 25 日至28 日，IASC 年会和北极科学高峰会周在挪威特罗姆瑟举行。英国、美国、俄罗斯、加拿大等 17 个国家的 150 多名代表、科学家和观察员与会。中国派出以极地办主任陈立奇为团长的 4 人（陈立奇、董兆乾、刘健、彭鹏）代表团出席了会议。会议研究的主题是全球变化对北极地区的影响。4 月 28 日的会议上，中国代表团团长陈立奇宣布了1999 年中国首次进行国家组织的北极科学考察计划，阐述

---

① 国家海洋局极地考察办公室.中国极地考察事业大事记［Z］.北京：国家海洋局极地考察办公室，1999：134－135.

了这次考察的路线、海域，主要的研究目标及有关后勤问题，受到理事会会议的欢迎。[①]

四、中国首次北极科学考察的主要目标

在具有 16 年南极科学考察经验的基础上，在拥有"雪龙"号破冰船的前提下，经国务院批准，1999 年 7 月 1 日至 9 月 9 日，极地办组织实施了中国首次北极科学考察。考察队由 124 人组成（颜其德、鄂栋臣、卞林根等 19 人是 15 年前中国首次南极考察队队员），其中科考和协调保障人员 66 名、记者 20 名、船员 38 名，他们分别来自 40 多个相关单位以及香港和台湾地区，此外，俄罗斯、日本、韩国相关技术人员也参与其中。本次科学考察航线是：上海—日本海—白令海—楚科奇海—加拿大海盆—北冰洋永冻冰区—楚科奇海—白令海—日本海—上海。在航行途中，"雪龙"号首次穿过北极圈，到达最北面的位置是北纬 74°58′，直升机曾飞抵北纬 77°18′，这在中国均属首次。中国首次北极科学考察主要有三大目标[②]：

（1）探讨北极在全球变化中的作用和对中国气候的影响。北极是大气海洋物质能量交换的重要地区之一，在全球大气气候系统形成和变化中起重要作用。大气与海洋间

---

① 国家海洋局极地考察办公室.中国极地考察事业大事记［Z］.北京：国家海洋局极地考察办公室，1999：138－141.

② 国家海洋局极地考察办公室.中国南北极考察［M］.北京：海洋出版社，2000：158－180.

能量、物质的交换过程主要发生在海-气、海-水-气界面上。研究海-冰-水-气能量、物质交换，对正确理解北极地区在全球气候和环境变化中的作用以及提高中国天气、气候和自然灾害预报水平有重要意义。

（2）探讨北冰洋与北太平洋水团交换对北太平洋环流的变异影响。北冰洋海盆中由北极过程形成的低温高盐水体与大西洋和太平洋水系的交换，严重影响着这些大洋的海洋学环境。北冰洋的楚科奇海和太平洋的白令海是两大洋水团交换的必由之路，决定了北冰洋在全球变化过程中对中国环境与资源的深刻影响。通过对白令海、楚科奇海及海盆衔接区的水文、营养盐、化学示踪物和海冰的调查研究阐明该海区的水系结构和环流特征及其与加拿大海盆的水团交换，提出北冰洋与北太平洋的水团交换和物质输运模式，探讨北冰洋与西太平洋和我国近海海洋环境的相互作用，为中国海洋经济的可持续发展提供科学依据。

（3）探讨北冰洋邻近海域生态系统与生物资源对中国渔业发展的影响。北极洋生态系统与全球变化有着密切的关系，它对全球气候和环境变化保持着一定程度的敏感性，存在明显的作用和反馈。北冰洋是全球气候变化的"启动器"之一，也是 21 世纪重要的生物资源基地。中国是一个新兴的远洋渔业国家，其中分布在北太平洋从事作业的渔船约有 120 艘，占海外渔船总数的 1/8，产量却占海外总产量的 26.4%。因此，在北冰洋及周边公海海域进行结合海洋环境的渔业资源综合调查将对在该海域从事渔业生产产生直接的指导意义，为中国在上述海域渔业的可持续发展提供强有力的科学依据。

针对上述目标，充分利用国际上的信息资料和先进技术，发挥各参加单位的技术优势，利用其先进的设备条件，结合"雪龙"号的能力，采用以船基、冰站为平台，以船舶、飞机为运载工具，进行了多学科联合海洋-海冰-大气-生物的综合观测。

五、中国首次北极科学考察的主要成果

一是楚科奇海综合海洋调查。考察队在楚科奇海部分海域完成了 3 个断面 14 个站位的综合调查，获得物理海洋学 109.8 兆温度、盐度和海流的资料；化学海洋学、生物地球化学各类样品和测定数据 938 个；海洋生物拖网 18 次，获得各种样品 139 个；海洋地质学表层样品 22 箱；沉积物岩芯样品 5 个，其中 4 个样品达到或超过 300 厘米。[①]

二是白令海综合海洋调查。在白令海 2.4 万平方千米的公海中，考察队完成了 6 个断面 42 个站位的综合调查，获得物理海洋学 350 兆温度、盐度和海流的资料；化学海洋学和生物地球化学各类样品 3 971 个；海洋生物、渔业资源拖网 234 次，其中进行了 32 小时站位生物分层拖网观

测；获取海洋地质、底栖生物 13 个站位的表层样品和 6 个站位的柱状样品、4 个站位的多管式底质样品。另外，在从白令海返回北冰洋的航程中，增设了多个测站，其中"雪龙"号船测站 24 个，小船测站 13 个，飞机测站 16 个，大大提高了资料的准确性。①

三是联合浮冰站考察。在直升机的支援下，考察队队员远离"雪龙"号到浮冰上进行科学考察。

第一个浮冰站设在北纬 73°26′、东经 164°59′的一块面积约 1 平方千米、厚 4 米的浮冰上。考察队队员在冰上设营，架设观测塔，对北极大气边界层结构和动量、热量与物质等湍流通量交换，对流层和平流层大气气压、温度、湿度、风向、风速等项目，进行了 24 小时的联合观测，取得了一大批科学资料和数据。来自台湾明新技术学院和武汉测绘科技大学的考察队队员张瑞刚、鄂栋臣进行了绝对重力测量，首次获取了北极的绝对重力值，还进行了相对重力测量和精密全球定位系统卫星定位，并在雪地里埋设了"中国测绘"的铜质标志。

第二个浮冰站设于北纬 74°58′、东经 160°32′，26 名考察队队员（包括记者）在这块面积约 0.3 平方千米、平均厚度约 4.5 米的多年浮冰上，连续 7 天对海洋、海冰和大气进行了立体综合观测，内容包括冰上大气边界层和辐射

---

① 国家海洋局极地考察办公室. 中国南北极考察 ［M］. 北京：海洋出版社，2000：180 - 184.

平衡的观测、雷达冰厚度测量、冰芯钻取和表层雪样采集、海冰生物群落结构和冰区碳循环时间序列采样及观测、海水温盐深流的测量以及绝对重力值测量，获得了大量极为珍贵的样品、资料和数据，为科学认识北极奠定了初步基础。①

首次北极科学考察队有14个新闻单位、20名记者随队采访报道，这是我国极地考察随队记者最多的1次。他们携带卫星电话6部、铱星电话2部、便携电脑10多台，数码相机5台，专业相机6台，通过海事卫星和船上因特网向国内、外发稿。他们大量报道了北极的自然风光，多变的气候环境以及考察队队员拼搏奋斗的动人场面。

中国首次北极科学考察时逢世纪之交，倍受全球华人关注。8月14日，利用瞬间的放飞天气，使用直升机将全球华人世纪行北极探险队的24名代表从加拿大图克托亚图克接上"雪龙"号。华夏子孙相聚北极、畅谈考察过程的苦与乐，互赠考察纪念品，场面十分动人。双方考察人员还在一幅长达20多米、具有中国特色的长龙旗上签了字。②

中国科学家从1999年7月至9月进行的中国首次北极科学考察几乎涵盖了所有相关的科学领域，包括海洋、生物物种、大气、地质条件和海冰，考察队首席科学家陈立

---

① 国家海洋局极地考察办公室. 中国南北极考察［M］. 北京：海洋出版社，2000：184-190.
② 同上，第190页。

奇在接受新华社采访时指出，北极地区反映的全球气候变化需要多领域的合作，任何一个领域的学者都不可能对地球进行这样的检查。他对中国首次北极科学考察活动给出的评价是："进行如此大规模的综合考察是不常见的。"此外，还补充说道，中国最近的北极科学考察将大大推进本国的北极研究，为中国未来的极地研究在各个领域培养一批杰出的学者。中国人研究的北极领域在很大程度上还没有被国际科学界探索过。在中国科考船航行的许多海域，目前的海洋地图和资料几乎没有任何指导。从这个意义上说，这次科学考察的成功充分展示了中国科学家对全球变化和环境问题的强烈责任感，以及他们对北极科学认识的积极贡献。

第四节

极地事业领导体制调整，战略规划能力得到加强

在 20 世纪 90 年代，为适应我国极地考察事业的发展，国家极地考察事业的管理体制也在深化改革，与时俱进，建立了与我国极地事业发展要求相适应的领导体制和事业平台，极地办应时成立，中国极地研究所不断发展壮大。与此同时，中国政府积极开展极地事业国际交流，为促进南极环境保护作出重要贡献，并加入 IASC，在国际北极事务中发挥了重要作用。

一、极地领导体制的变革：从南极委到极地办

1981 年 5 月 11 日，国务院批准成立的南极委，是中国南极考察事业的领导机构。在它的直接领导下，由其办公室成功地组织了包括中国首次南极考察和首次东南极考察在内的 10 次南极考察活动，为中国南极考察事业的开创、

发展作出了重大贡献。① 1994 年 1 月 10 日，新一轮的国家
机构改革，撤销了南极委，其办事机构国家南极考察委员
会办公室（南极办）更名为南极考察办公室，承担南极考
察的具体工作，编制和经费渠道不变。② 1994 年 12 月 25
日，经国家海洋局批准，南极考察办公室编制定员 40 名，
控制定员 36 名，机构级别相当于部委正司级，领导 5 名，
其中主任 1 名、副主任 3 名，总工程师 1 名；南极考察办
公室内设秘书处、计划处、科技处、条保处、财务处、外
事处 6 个处级机构。南极考察办公室为组织、管理和协调
我国极地考察的职能部门。③

　　随着形势的发展和我国南极考察事业的逐步深入，南
极考察事业牵涉的事情越来越多，很多事情和问题的解决
需要多部门联合进行，因此，在实际工作中，仅有的中国
南极研究学术委员会已经不能满足事业发展的需要，特别
是随着北极考察也逐步进入国家议程，极地事业不断开拓
和深化，迫切需要一个新的具有咨询功能的委员会参与到
我国极地事业的发展之中。在此背景下，1994 年 4 月
26 日，国家科委同意成立中国极地考察工作咨询委员会
（以下简称"极地咨询委"）。经过半年的准备，10 月

① 武衡，钱志宏. 当代中国的南极考察事业［M］. 北京：当代中国出版社，
　　1994：32.
② 国家海洋局极地考察办公室. 中国极地考察事业大事记［Z］. 北京：国家海
　　洋局极地考察办公室，1999：93.
③ 同上，第 102 页。

14 日，国家海洋局在北京召开极地咨询委成立大会。出席大会的有国家科委、国家计委、教育部、中国人民解放军海军、国防科学技术工业委员会、中国人民解放军总参谋部气象局、中国科学院、国家地震局、国家测绘局、国家环境保护局、国家海洋局南极考察办公室的代表。会议通过了《中国极地考察工作咨询委员会章程》。该委员会的主要职责是就极地考察工作向政府主管部门提供咨询，组织学术交流，并对极地考察工作进行科学技术咨询，评价科学技术成果，指导科学考察活动等。就此，中国南极研究学术委员会撤销。

中国极地考察事业是从南极考察开始的，南极办也主要是负责南极考察工作的组织协调。因此，在 20 世纪 90 年代中期北极考察呼声渐浓的时候，在国家层面，并无一个部门对将来可能进行的北极考察负责。经过多方商讨研究决定，1996 年 8 月 27 日，国家海洋局南极考察办公室更名为国家海洋局极地考察办公室（以下简称"极地办"）。至此，中国极地考察事业的领导、组织、管理体制得到完善，南极考察和北极考察得以统筹考虑，共同推进。①

二、中国极地研究所的发展壮大

在 20 世纪 70 年代末与 80 年代初，国内学者只有参加

---

① 国家海洋局极地考察办公室. 中国极地考察事业大事记［Z］. 北京：国家海洋局极地考察办公室，1999：105－117.

国外的极地考察队才能获取极地数据与样品，但这样收集到的极地资料较为有限，进行的研究也存在一定的滞后性。1984年，中国首支南极考察队赴南极进行科学考察并建立长城站，这意味着中国有能力大量收集南极数据与样品，为了有效利用这些资料，极地研究机构的设立也就顺理成章地被提上议程。1982年4月12日至16日，为南极委第二次会议做准备，国家海洋局副局长、国家南极考察委员会副主任兼南极办主任律魏在北京回龙观饭店主持召开了"南极工作座谈会"，南极办郭琨和高钦泉副主任以及到过南极并已经回国的董兆乾、张青松、谢自楚、王声远、叶德赞、颜其德、吕培顶、李振培、张坤诚、安建国（按去南极的时间顺序排列）等人应邀出席。会议报告中的建议之一就是尽快成立我国的国内研究机构，且考虑到未来的北极考察，建议将该机构命名为"中国极地研究所"。1984年2月18日，上海市人民政府办公厅以沪府办函〔1984〕3号复函国家科委办公厅，经上海市人民政府研究，原则同意在上海市组建中国极地研究所。

1984年4月20日，南极委、国家海洋局联名以《关于组建中国极地研究所的请示》上报国家科委，正式请示在上海组建中国极地研究所。5月30日，国家科委批准在上海建立中国极地研究所，为南极委直属事业单位，由国家海洋局代管，建成规模150人，总投资806万元。由于国家海洋局内定的筹建负责人（董兆乾）需任中国首次南极考察队的副队长并前往南极，因此决定首次队回国后再开始筹建工作。1985 年 5 月 6 日，3 名筹建人员（董兆乾、汤妙昌、沈德君）聚集上海，开始了中国极地研究所筹建工作。6 月 3 日，中国极地研究所筹备小组成立，郭琨担任组长，董兆乾担任副组长，由国家海洋局代管。1985 年 12 月 28 日，南极委和国家海洋局设立中国极地研究所筹建处（正处级），由国家海洋局代管，任命董兆乾担任主任，编制 18 人，展开了全面的工程筹建工作。

1986 年 2 月 20 日，中国极地研究所筹建处在上海浦东大道 1830 号正式挂牌。国家海洋局副局长钱志宏、南极办主持工作的副主任郭琨出席挂牌仪式，中国极地研究所工程筹建工作正式启动。国家海洋局任命的筹建处副主任颜其德也从杭州国家海洋局第二海洋研究所赶赴上海履职。经过 3 年多的艰苦筹建，1989 年 10 月 10 日，中国极地研究所正式成立，董兆乾任所长①，颜其德、范润卿任副所长。经国家海洋局党组批准，中国极地研究所党委也同期成立。颜其德任书记，董兆乾、范润卿任委员。1990 年 1 月 5 日，国家海洋局、南极委批复了中国极地研究所关于确定其主要职责、内设机构及人员编制的请示。批复中明确了中国极地研究所为正厅局级，主要任务是开展有极地特色的科学考察研究，开展极地资源和能源的考察研究；

---

① 中国极地研究中心. 足迹：中国极地研究中心 20 年发展纪事［M］. 北京：海洋出版社，2010：1 - 3.

组织协调实施考察研究计划；负责管理极地档案资料，分析研究与保管极地标本、样品；编辑出版文集、期刊；进行国际学术交流与合作考察研究；负责极地考察装备的设计、监造、验收、储运等工作[1]。

在成立之初，中国极地研究所只有极地综合科学研究室（含生物/高空大气物理等学科）、极地冰川研究室2个研究室以及1个极地情报资料研究中心（后更名为极地信息中心），事业编制定员50人，1989年末在职职工仅有23人，其中干部17人。[2] 中国极地研究所当时的内设机构以及编制定员还不能承担中国极地研究所的全部任务，需要继续扩充机构和引进人才。1994年10月，中国极地研究所聘任刘瑞源为极地高空大气物理学研究员；1995年5月，聘任郭长林为极地信息中心研究员；1996年1月，聘任康建成为极地冰川学研究员；1997年10月，聘任朱建钢为极地信息中心高级工程师；1998年12月，聘任张侠为极地信息中心高级工程师；1999年11月，聘任程少华为极地信息中心研究员，孙波为极地冰川研究室研究员。此外，中国极地研究所还聘请秦大河、谢自楚等知名学者为客座研究员。到了1999年末，中国极地研究所在职正式员工达107人，其中专业技术人员58人[3]，中国极地研究所的研究队

---

① 中国极地研究中心.足迹：中国极地研究中心20年发展纪事［M］.北京：海洋出版社，2010：10.
② 同上，第11页。
③ 同上，第21–40页。

伍初具规模。

中国极地研究所在内设机构与软、硬件设施方面也逐步完善。1992年4月24日,中国极地研究所建立南极物资综合服务部,负责南极考察物资的设计、监造、验收、储运等工作。1993年1月14日,在已建立的超低温实验室中设立专门保存极地冰芯的样品库,使对冰芯的研究与保存成为可能。[①] 1994年6月6日,中国极地研究所建立中国南极信息系统,对国际南极科研活动进行动态跟踪与及时反馈,进而为南极各项工作进行全方位、全过程的动态服务和决策支持。[②] 1995年5月5日,中国极地研究所成立中国极地研究所科学技术委员会,刘瑞源任主任。[③] 1997年5月12日,中国极地研究所设立的极地科普馆正式对外开放[④],极地科普馆介绍了南、北极的地理环境概况与我国开展极地考察的历程,旨在普及极地知识、宣传极地事业、弘扬南极精神。1999年3月31日,为适应改革的需要,理顺关系,国家海洋局决定将东海分局管理的"雪龙"号划归中国极地研究所建制,由中国极地研究所实施管理。4月16日,在东海分局招待所举行了交接签字仪式,东海

① 中国极地研究中心. 足迹:中国极地研究中心20年发展纪事[M]. 北京:海洋出版社,2010:16-18.
② 程少华. 中国南极信息系统总体框架的构想与研究[J]. 南极研究,1993 (3):60-74.
③ 中国极地研究中心. 足迹:中国极地研究中心20年发展纪事[M]. 北京:海洋出版社,2010:22.
④ 同上,第28页。

分局局长李晓明和中国极地研究所所长董兆乾分别在协议书上签字。① 随着中国南极信息系统的建立与"雪龙"号的归位，中国极地研究所在软件和硬件两方面都趋于完备。

三、"八五"和"九五"计划的制订与实施

每年进行的南极考察是开展南极科学研究的载体，要深入开展南极科学研究，仅仅"去南极"是远远不够的，还必须在"去"的基础上，投入大量的人力、物力和财力，从事相关学术研究。开展南极考察是国家行为，自然也是与国家的发展规划高度关联的。极地科学研究与国家规划双向互动，是中国极地事业的重要特征。20 世纪 90 年代，中国南极科学考察研究工作就是在"八五"和"九五"计划的指导下进行的。

早在 20 世纪 80 年代末，南极委就启动了未来 5 年甚至 10 年的南极科学研究规划工作，并于 1989 年 5 月制订出了《南极考察规划 1989—2000 年》，包括近期的"八五"计划。该规划内容包括：南极的自然地理及政治形势；南极考察对我国的意义；我国南极考察的现状；我国南极考察规划；完成规划的主要措施；实现规划的资金、技术保障。另外还有 4 个附表和 2 个附件。5 月 8 日至 12 日，在杭州召开了中国第一届国际南极研究学术讨论会，来自

---

① 国家海洋局极地考察办公室.中国极地考察事业大事记［Z］.北京：国家海洋局极地考察办公室，1999：140.

澳大利亚、日本、美国、英国、法国、意大利、瑞典、比利时等12个国家和国内30多个科研单位、200多位学者与会。这是中国自1984年开展南极考察工作以来，特别是在建立中国南极长城站后，第一次召开国际南极研究学术讨论会，向世人展示了中国在很短时间内就取得了南极科学考察研究的可喜成果。5月12日至14日，第二届南极研究学术委员会（以下简称"南极学委会"）第一次全体会议在杭州举行。南极学委会副主任罗钰如主持了会议。南极委主任武衡出席了会议并讲话。南极委常务副主任钱志宏、南极学委会副主任张焘、李廷栋和29名委员出席了会议。有关方面的代表12人列席会议。本次会议主要内容就是审议、通过南极研究12年规划；讨论、确定"八五"计划中的南极研究项目①。

1990年5月29日至31日，第二届南极学委会第三次全体会议在北京举行。南极学员会主任孙鸿烈、副主任罗钰如、张焘、李廷栋、周季骥等出席并主持会议。出席会议的有委员35名，特邀代表3名。会议对南极委公布的我国《南极"八五"科研计划纲要》的8个大项目进行讨论研究。会议决定，将8个大项目归纳为7个大项目②。9月25日至26日，南极委在北京举行了全体会议，审议并

---

① 国家海洋局极地考察办公室.中国极地考察事业大事记［Z］.北京：国家海洋局极地考察办公室，1999：63.
② 同上，第70页。

批准了南极学委会提交的"八五"科研项目设计报告。①
当年 11 月,南极委审议通过了南极学委会经过反复论证的
《中国南极科学考察研究"八五"计划》②,1992 年 5 月
4 日,经第三届南极学委会第一次全体会议审议后,南极
办又组织专家分项目对《项目可行性研究报告》进行了评
审论证,南极委同意开始实施。由此可见,在南极委的领
导下,国内学术界对"八五"计划进行了反复的论证,这
种工作方式保证了我国南极科学研究在高水平上开展,并
取得高水平的预期成果。③ 本书将在下一节介绍"八五"
期间我国南极科学考察研究所取得的成就。

　　与"八五"计划一样,南极科学考察研究"九五"计
划同样是提前谋划,充分酝酿,深入论证,精心组织实施。

　　早在 1994 年 11 月,在新成立的国家海洋局南极考察
办公室主持下,成立了由董兆乾、刘小汉、张海生 3 位科
学家组成的中国南极科学考察研究"九五"项目起草小组,
草拟《南极环境异常对全球变化影响研究》的可行性研究
报告。11 月 30 日,国家海洋局南极考察办公室组织召开南
极"九五"项目讨论工作汇报研讨会。国家科委社会发展
科技司王志雄、综合计划司孙德江、极地咨询委主任丁德

---

① 武衡,钱志宏.当代中国的南极考察事业 [M].北京:当代中国出版社,
　　1994:463.
② 国家海洋局极地考察办公室.中国极地考察事业大事记 [Z].北京:国家海
　　洋局极地考察办公室,1999:73.
③ 同上,第 83 页。

文及教育部科技司、中国科学院自然与社会协调发展局、中国气象局科技司、国家海洋局科技司等部门的有关领导出席了会议。会议就中国南极科学考察研究"九五"项目的可行性研究报告进行了认真讨论，提出了不少建设性的意见，为"九五"计划的制订打下了基础。[①]

1995年8月，国家海洋局南极考察办公室向国家科委社会发展科技司申请《中国南极科学考察研究"九五"计划》为国家"九五"专项科研项目，也就是要将南极科学考察研究纳入国家规划之中。11月13日，国家海洋局南极考察办公室请示国家海洋局，上报《中国南极考察"九五"计划及中国南极考察2010年规划》，该规划是在总结南极"八五"计划执行情况的基础上，组织多年从事南极工作的有关专家拟定的，并征求了极地咨询委的意见后最终成文。11月22日至26日，由国家海洋局南极考察办公室组织全国16个单位的18名专家的专家组在杭州举行了工作会议，商讨"九五"南极科学考察研究项目专题分解工作。会上，南极办负责人介绍了最新国际南极研究动态，提出"九五"项目要重点突出、有所突破，强调项目专题分解要有全局观念。已荣任中国科学院自然与社会协调发展局局长的著名南极科考专家秦大河出席了会议并发言。中国极地研究所所长、南极研究科学委员会副主席董兆乾

[①] 国家海洋局极地考察办公室.中国极地考察事业大事记［Z］.北京：国家海洋局极地考察办公室，1999：100 - 101.

在大会上介绍了"九五"项目可行性研究报告《南极地区环境异常对全球变化影响研究》的编写背景和思路。与会专家分为3组，围绕国际南极研究前沿动态展开热烈讨论，并将"九五"项目分解为37个专题。为了保证"九五"立项工作顺利进行，国家海洋局南极考察办公室在杭州召集部分专家对《南极地区环境异常对全球变化影响研究》进行了专题分解工作会议。①

1996年5月22日，极地咨询委会议在北京举行。国家海洋局南极考察办公室向委员们介绍了中国南极科学考察研究"九五"项目的准备工作情况等，委员们就"九五"立项问题进行了深入的讨论。②

1997年12月4日，国家科委社会发展科技司在北京主持召开了国家"九五"科技攻关计划南极对全球变化的影响和反馈作用研究项目论证会。会议由国家科委社会发展科技司王志雄主持。论证专家委员会由孙鸿烈、周秀骥、章申、陈述彭、李廷栋、丁德文、李德仁、刘嘉麒、陈英仪、王荣、王勇等专家组成。国家科委社会发展科技司副司长刘燕华到会并讲话。论证专家委员会认真听取了国家海洋局极地办关于《南极地区对全球变化的影响和反馈作用研究》可行性报告的介绍，并进行了热烈和充分讨论，

---

① 国家海洋局极地考察办公室. 中国极地考察事业大事记［Z］.北京：国家海洋局极地考察办公室，1999：108－111.
② 同上，第115页。

原则通过了《南极地区对全球变化的影响和反馈作用研究》可行性报告。①

1998年3月10日，国家科学技术部（以下简称"国家科技部"）同意将南极对全球变化的影响和反馈作用研究项目纳入1998年度国家科技攻关计划（项目编号为98—927；总经费1 400万元，其中国拨400万元，部门匹配1 000万元，起止年限：1997—2000年）。4月7日，国家科技部社会发展科技司根据"九五"国家科技攻关计划管理实施细则，在有关部门推荐的基础上，经研究决定"九五"国家科技攻关计划南极对全球变化的影响和反馈作用研究项目专家委员会组成如下：孙鸿烈担任主任，陈立奇、秦大河担任副主任，周秀骥、李廷栋、丁德文、苏纪兰、王荣、赵俊琳、董兆乾、王德正和仇岳峰担任委员。②该项目指导方针定为发挥基础、国际接轨、突出重点、有所突破。③

在"八五"和"九五"计划的支持下，我国南极科学考察研究取得了一批重要成果，接下来一节，我们将根据极地办的总结，对此做简要介绍。

---

① 国家海洋局极地考察办公室.中国极地考察事业大事记［Z］.北京：国家海洋局极地考察办公室，1999：126－127.
② 同上，第129－130页。
③ 陈立奇.南极考察回顾及今后极地研究展望［J］.地球科学进展，1997（2）：18－24.

第五节

深入开展南极科学考察研究，
南极科研成果大量涌现

深入开展南极科学考察研究，认识南极进而保护南极，一直是我国政府开展南极科考的最高追求，也是中国广大南极科学工作者的追求。限于条件，1990年之前，中国南极考察主要是以基础建设为主，也就是以建立考察站为主，因为如果没有南极考察站，南极科考就无从谈起。当然，这并不是说在这一过程中我国没有进行科学考察和科学研究，而是说在20世纪80年代主要还是为将来的科学考察和科学研究做打基础的工作。

在成功建设、扩建中国南极长城站、中山站并完善其综合功能之后，中国南极考察的重点开始转向科学考察和科学研究。虽然中国南极科学考察与研究起步较晚，但起点高、瞄准了国际科学前缘，经过广大考察队队员和科学家艰苦卓绝的工作，克服了极地恶劣环境等重重困难，获得了大批宝贵的科学数据和样品，经过分析研究，取得了许多具有重大科研价值的成果，引起了国内、外同行的关注和好评。尤其是在1991—1995年和1996—2000年期间，中国科学家在中国南极长城站、中山站以及南大洋实施的"八五"和"九五"攻关课题成果累累，举世瞩目。①

一、"八五"攻关课题——中国南极科学考察研究

在极地办的组织协调下，中国科学院、中国地质科学院、中国气象科学研究院、中国水产科学研究院、国家海洋局所属的研究所、中国极地研究所、青岛海洋大学和武汉测绘科技大学等26个科研单位的600多名科学家、研究人员及考察队队员参加该课题的工作。1996年3月18日，极地办组织国内一流专家学者对"中国南极科学考察研究"进行课题验收和鉴定。鉴定委员会一致认为，该课题在总体水平上达到了国际先进水平，部分达到国际领先水平。

（1）课题负责人王荣等研究人员创造性地量化了大磷虾种群结构和大磷虾有关的基本生物学过程；提出了大磷虾对氟的富集模式；第一次提出了利用复眼晶锥数目和复眼直径作为大磷虾的生长指标；提出了鉴别大磷虾自然种群负生长的有效方法，解决了国际生物学界长期以来未能解决的这一科学难题。

---

① 国家海洋局极地考察办公室. 中国南北极考察［M］. 北京：海洋出版社，2000：92-138.

（2）课题负责人、已故教授吴宝铃等研究人员应用同位素、色谱分析、电子显微镜、原子吸收和计算机多媒体等先进手段，对各生态系统的本底值、结构特征、代谢和典型污染物的状况有了基本的了解，研究了4个生态系统（陆地生态系统、淡水生态系统、潮间带生态系统和浅海生态系统）及其之间的相互作用，建立了初步的模型和生态系统信息管理系统所有相关研究，为研究全球变化对该生态系统的影响奠定了基础。

（3）课题负责人李廷栋院士等研究人员通过对东南极拉斯曼丘陵构造变质事件的研究，首次提出了东南极拉斯曼丘陵低压麻粒岩相变质作用峰期的时代发生于早古生代（约5.5亿年前）而不是被国外学者认为的新元古代（约10亿年前）。在普里兹湾地区以及东南极地盾其他地区，如毛德皇后地、吕措—霍姆湾、南查尔斯王子山、横贯南极山脉等也日益发现早古生代的构造热事件。这些事件相似的变形、变质，尤其是其广泛的分布，表明泛非构造运动是东南极经历的一次强烈的区域性构造运动，应当是克拉通形成，乃至冈瓦纳古陆最终拼合的关键运动。这一大陆构造演化的新观点，得到国际同行的认同，属国际领先水平。

（4）课题负责人刘东生院士等研究人员通过对长城站和中山站站区环境元素背景值进行研究，表明南极的环境质量与全球其他地区对比还是最清洁的，但对考察站比较集中的局部地区的大气、地表水、土壤和生物中的某些重金属元素（铜、锌、镉、铅）含量进行分析，说明有的已呈现不同程度富集或轻微污染现象。同时，有机污染物在乔治王岛被广泛检出，人工放射性元素沉降在湖泊沉积物中的发现，以及火山活动产物（硫及重金属元素）在冰芯中的富集表明南极环境除直接受在当地的人类活动影响外，还受全球其他地区自然过程和人类活动的影响。通过对土壤发生类型、诊断层和诊断特性、类型组合及其空间分布进行研究，首次编制出乔治王岛法尔兹半岛地区土壤图（1:20 000），填补了国内、外这方面研究的空白。

（5）课题负责人周秀骥院士等研究人员用聚类、回归、多维谱、遥相关等数学诊断方法，对南极天气气候特征变化的区域性，气候变化趋势在时间、空间上的多样性，大气振荡特征，极地气旋的卫星图特征及南极洲和青藏高原对气候的影响等进行了研究，对南极的天气气候特征及其变化有了新的认识；建立了适用于南极研究的转盘流体力学模拟装置，根据南极气候环境特点建立和改进了冰-气耦合三层模式、CCMI 模式、T4219 谱模式、大气环流模式与热带细网格等模式，进行了流体力学模拟和数值模拟，对南极大尺度地形、冷源对大气环流和全球气候变化影响机理有了初步了解；研究了两半球相互作用及南极对天气气候、大气环流特征及我国主要灾害性天气气候变化的影响，取得了新的成果。

（6）课题负责人吕达仁等研究人员利用已经得到的资料，结合全球其他资料，进行理论和模式研究，获得了一系列有价值的科学结果，使我国南极日地物理研究跨入世界先进行列。数值模拟表明，极隙区地磁场与行星际磁场的重联需要合适的条件即行星际磁场为北向，或 X 分量很强时才易产生，而太阳风在磁层顶处的流场剪切会引起涡旋，促进极隙区的磁场重联；同时，行星际的 B_y 分量对于极隙区的对流有极大影响。在中山站观测到丰富的 Pc3 和 Pi2 地磁脉动，这是太阳风和磁层等离子体中可激发而到达地面的重要磁流体波，在此基础上研究人员提出用脉动-哨声地面观测联合反演磁层电子浓度的方案，有望从地面监测磁层环境。观测发现了一类新哨声——多谐哨，从理论上解释这类哨声可能来自上行电子束流与背景等离子体密度有不同比例时激发出的不同等离子体波。还发现行星际磁场对极隙区位置有明显的调制作用，极隙区内存在向上的场向电流与向下的低能电子流。利用长城站、中山站的地磁记录反演的高空电流体系，发现平静时电流体系是双涡结构，扰动时极光带电集流占主导地位。

（7）课题负责人薛全福等医学专家系统研究了南极特殊环境对人体心肺功能、心理变化、人体健康和劳动力（人脑工作能力和免疫功能）的影响，针对我国考察队队员在南极洲工作和居留的实际情况，制订出考察队队员对营养与热能的需要量标准、心理素质预选方案、医学卫生综合保障措施的建议，均有实际应用价值。

二、"九五"攻关课题——南极对全球变化的影响和反馈作用研究

该课题由陈立奇主持，总目标是定量描述东南极东部区域海洋/海冰-大气-冰雪/陆地系统主要环境因子相互作用的基本过程，揭示其在全球变化中的功能，为建立南极系统对全球变化影响的评估模型作出贡献。该项目研究内容包括：① 南大洋海洋/海冰-大气相互作用的物理过程研究；② 南大洋生态系统动态变化和碳的生物地球化学研究；③ 南极大气和空间物理过程对全球变化的影响研究；④ 南极站区近现代自然界面环境过程对全球变化的影响与反馈研究；⑤ 东南极雪冰内气候环境记录及冰盖变化研究；⑥ 拉斯曼丘陵晚元古代以来的岩石圈构造演化及其环境意义研究；⑦ 中国南极考察区的海洋-大气-冰雪-生物等圈层的相互作用综合研究。

整个"九五"攻关课题按计划进展顺利，现已完成包括海洋站区、3次内陆冰盖和2次格罗夫山等的现场实地科学考察作业，阶段性成果已于2000年1月通过专家组的中期评估，最终成果在2001年推出。现就这些阶段性成果进行如下简介。

（1）课题负责人董兆乾等科研人员确定了陆架水锋面的地理位置，夏季表层水、绕极深层水、普里兹湾陆架水

的空间分布及其特征量的估计；完成了水团分布和地转流输运的初步分析。阐明了研究水域水体中同位素的分布与水团环流的关系。完成了南极海冰外缘带对大气环流影响的数值模拟分析。

（2）课题负责人孙松等科研人员研究分析给出大磷虾复眼直径与体长比反映出的环境差异，南大洋浮游动物关键种对垂直碳通量的作用特征，微型浮游动物对初级生产力的摄食压力，近岸海冰生态过程及其在生物地球化学过程中的作用。给出了颗粒有机碳的垂直分布及通量的季节变化和硅藻通量的季节变化。

（3）课题负责人赵俊琳等科研人员通过采用210Pb、137Cs定年方法，建立起工业革命和20世纪40年代以来的湖芯沉积时间坐标，初步揭示了近一百年来湖芯所记录的人类活动对南极环境的影响，推断出该地区近百年来气候在变暖，并有过至少一次较大规模的气候突发事件。通过长城站和中山站的气候要素分析，定量指出该地区的气候变化受到全球变化的驱动。

（4）课题负责人卞林根等科研人员，通过研究得到不同地磁活动情况下中山站极光的发生率，发现午后极光的准周期现象，得到了极隙区纬度上 Pc3 地磁脉动、Pc5 地磁脉动的出现规律和传播特征，初步建立了极隙区电离层模型，并用极光、地磁和卫星资料进行了综合研究，取得了南极极隙区和极盖区动力学方面的新认识。利用 Brewer

光谱仪观测的光谱资料，分析了各层臭氧和二氧化氮的季节变化。分析研究了极地冰对我国天气影响的关键区、拉斯曼丘陵辐射气候特征、格罗夫山的夏季天气特征。

（5）课题负责人秦大河等科研人员，从中山站向冰穹A执行了3次冰盖断面考察，依次向内陆推进到300千米、464千米和1 128千米。在4个地点钻取了5支50~100米长的冰芯，在198个地点挖了0.6~3.5米雪坑，观测雪层剖面并采集雪样近2 500个，沿线每2 000米设置物质平衡观测花杆共496个，利用冰雪雷达对1 128千米断面进行了冰厚和冰盖层理探测。分析研究看出，伊丽莎白地区雪的密实化过程较其他内陆地点为快，从粒雪转化为冰川冰的深度约为60米，低积累率和强风力作用是影响雪向冰转化的主要因子，无线电回波剖面显示了冰体厚度和冰盖层理特征，得到了冰盖表面物质积累率的分布。课题组研究了过去250年来的火山事件记录，评价了南极冰盖与全球海平面变化的关系，确定了冰雪中微粒的空间分析以及表层雪中氢、氧同位素的关系。

（6）课题负责人刘小汉等科研人员完成了东南极格罗夫山地质调查和填图，基本确定格罗夫山的主要变质—变形时间属于泛非事件，普里兹湾沿岸高级变质地体的最后拼合发生于泛非期。用大量高精度同位素年代学数据对南设得兰群岛研究区的火山活动进行了厘定，提出了该区岩浆多成因的地球化学证据，提出了晚白垩世—早第三纪南美南部与南极半岛之间有一条古地峡相连接的新认识。

（7）课题负责人陈立奇等科研人员根据几年来连续对中山站和长城站周围海水、大气、陆地以及生物等的监测，进行了人类活动对南极影响的综合评估；建立了中国南极数据目录管理系统；完成了《中国极地"十五"研究计划和2015年规划》报告。

第四章

攀登高峰：

中国极地事业的壮大与跨越

进入 21 世纪，随着中国综合国力的不断增强，中国极地事业不断发展壮大。在世纪之初的前 10 年，中国极地事业最大的亮点莫过于成功登顶南极冰盖最高点并在此建立中国南极昆仑站。另外，伴随着极地考察"十五"能力建设的实施，成功建立中国北极黄河站也是中国极地事业又一跨越。第四次国际极地年在 2007—2008 年进行，中国政府成功组织实施了国际极地年中国行动计划。这 10 年，中国极地科学工作者奋发有为，极地科学考察和研究不断取得新突破，高水平极地科学研究成果不断涌现。

第一节

登上南极内陆冰盖最高点，成功建立中国南极昆仑站

南极考察，有所谓的四大必争点，即南极极点、冰点、磁点、最高点。在这四个点建立考察站，都具有特殊重要意义。在 2008 年之前，南极极点、冰点、磁点已经被美国、俄罗斯、法国抢先设立了考察站，只有南极最高点还没有国家登顶并建立考察站。

南极极点是地球的最南端，被誉为"世界的尽头"。这里太阳一年只升落一次，半年全是白天，被称为极昼；另半年全是黑夜，被称为极夜。1957 年，美国抢先控制了南极极点，在南极极点的冰盖上建立了一个永久性的考察基地，并以第一个到达南极极点的罗尔德·阿蒙森和罗伯特·福尔肯·斯科特两人的名字，命名为阿蒙森—斯科特站。南极冰点又称为"寒极"，是南极最冷的地方，靠近南磁轴（南纬78°06′、东经 110°），1957 年苏联在此建立了东方站。地磁

轴是地球磁场的轴线，地磁轴与地球表面相交的两点，即南极磁点和北极磁点，这是地球上磁场强度最大的地方，南极磁点大概位于南纬65°36′、东经139°24′。1954年8月，法国在南极磁点设立了迪蒙·迪尔维尔常年科学考察站。

　　现在，全世界因为中国人的测定而知道，海拔4 093米的冰穹A最高点是南极内陆冰盖的最高点，也是南极最高点。这里的冰盖是原始堆积形成的，储存着全球的气候和大气环境信息。2008年，中国人在南极最高点成功建设了中国南极昆仑站（见图4-1），举世瞩目。下面，我们将回顾这一艰难而伟大的壮举。

图4-1　中国南极昆仑站

　　开展南极内陆冰盖考察一直是中国南极考察的重要方向之一。早在20世纪90年代，依托中国南极中山站，我

国科学家开展了内陆冰盖考察。1997 年 1 月 18 日至 2 月
1 日，中国第 13 次南极考察中山站内陆冰盖野外考察队
8 人，分乘 3 辆雪地车和 3 架雪橇，拖载着 25 吨重的物资，
在队长秦为稼带领下进行了中国首次内陆冰盖考察，行程
326 千米，到达海拔 2 400 米的高度，总计采集样品
1 300 余个。1999 年 1 月 8 日，以李院生为队长的中国第
15 次南极考察第 3 次南极内陆冰盖考察队首次从地面抵达
南极冰盖的冰穹 A 地区（南纬 79°16′、东经 76°59′），距离
中山站 1 100 千米，海拔 3 900 米，历时 25 天。此次内陆
冰盖考察获取了 1 100 千米的考察剖面和大量珍贵的冰芯
样品。①

　　进入 21 世纪，在南极考察综合能力不断提升的情况
下，中国人开始把目光投向了冰穹 A 地区。南极内陆冰盖
最高点有着无可比拟的科研价值，也是国与国之间角逐的
舞台。很多国家都希望能够征服这一"高点"，苏联科考队
曾经在 20 世纪 60 年代试图进入冰穹 A 地区，但未能获得
成功。据我国南极考察队队员透露，美国科考队也曾尝试
前往冰穹 A 地区，后来因为雪地车陷入冰裂隙而取消计划
打道回府。冰穹 A 神秘而又危险，被称为"人类不可接近
之极"。②

① 国家海洋局极地考察办公室. 中国极地考察事业大事记［Z］. 北京：国家海
洋局极地考察办公室，1999：138.
② 赵宁. 从"南极精神"中汲取奋进力量［N］. 中国海洋报，2019 - 01 - 30
（2）.

在大量的前期调研、论证和准备工作的基础上，2004—2005 年我国第 21 次南极考察队发起了向南极最高点进军的冲锋。2005 年 1 月 9 日 22 时 15 分（北京时间），中国第 21 次南极考察内陆冰盖考察队成功登上南极内陆冰盖海拔最高地区，1 月 18 日 3 点 15 分（北京时间）确定了冰穹 A 最高点位置（南纬 80°22′00″、东经 77°21′11″）的高程为 4 093 米。这是人类从地面首次到达冰穹 A 最高点。2 月 8 日，国务院副总理曾培炎向成功登顶冰穹 A 最高点并安全返回中山站的考察队致电祝贺。①

正如时任国家海洋局局长孙志辉评价的那样，当鲜艳的五星红旗高高飘扬在被科学家称为"人类不可接近之极"的冰穹 A 最高点时，全国人民为之激动和骄傲，世界也为之瞩目。② 在竞争日益激烈的国际极地考察舞台上，中国人凭借坚强的意志和无畏的精神，勇于开拓崭新的领域，首先开展了对南极内陆冰盖最高点的冲击并一举取得成功，实现了人类在南极的又一个梦想。我国优先对该地区进行考察，无论从获取更多科学研究成果还是从提高我国极地发言权的角度来说，都具有深远而重要的意义。登顶冰穹 A 的成功，不但为国际南极考察作出突出贡献，大大提升我国在南极考察领域的国际地位，同时它也成为我国在极

---

① 国家海洋局.2005 年度中国极地考察报告［Z］.北京：国家海洋局，2005：6.

② 同上，前言。

地科学考察历程中光辉的里程碑。

在成功登顶冰穹 A 之后，在此建立考察站就成为中国政府下一步考虑的问题。为此，国家海洋局围绕《中国极地考察"十一五"规划》，做了大量相关的前期准备工作，开展建立中国第 3 个南极考察站的选址、调研、论证等工作。在详细开展南极内陆冰盖最高点背景调查的基础上，力争把新站建成一个有特色、起点高、功能全的综合考察基地。①

2006 年 7 月 11 日，《中国南极内陆科学考察站建站总体方案》在北京通过专家评审。② 在此基础上形成了向国务院的请示报告。2007 年 2 月 13 日，国务院领导对《关于"十一五"我国南北极考察工作有关问题的请示》作出批示，同意在"十一五"期间建设我国第 1 个南极内陆夏季考察站（以下简称"内陆站"）。内陆站建设主要内容为南极内陆站站区建设，内陆站后勤保障系统，内陆站科考仪器、设备，国内分析实验与工程技术平台 4 部分。③

为使国家决策高效有序推进，2007 年 4 月 5 日，国家海洋局成立了以陈连增副局长为组长的中国南极内陆站建设项目领导小组；确定了内陆站建设项目领导小组成员和

---

① 国家海洋局.2006 年度中国极地考察报告［Z］.北京：国家海洋局，2006：前言。
② 同上，第 12 页。
③ 国家海洋局.2007 年度中国极地考察报告［Z］.北京：国家海洋局，2007：98.

项目领导小组职责；确定了内陆站建设工作目标和建设内容及计划进度安排，并委托有工程设计甲级资质的清华大学建筑设计研究院、同济大学建筑设计研究院直接按可研深度编制中国南极内陆站建设项目可行性研究报告。①4月12日，中国南极内陆站建设项目方案编制组成立，具体负责中国南极内陆站建设方案的编制工作。② 在南极最高点建站，建站队队员能否适应环境至关重要。为此，2007年夏天，国家海洋局组织内陆考察预选队队员赴西藏进行高原适应性训练。这样，中国南极内陆站新站建设的准备工作全面展开。

2007年8月31日，中国南极内陆站建设项目可行性研究报告在北京通过了专家评审。李廷栋、李道增、张彦仲、陆炎等院士及有关专家出席了评审会。9月14日，中国南极内陆站建设项目领导小组审议通过内陆站建设项目可行性研究报告并上报国家发展和改革委员会。③ 2007年12月22日，中国第24次南极考察中山站至冰穹A内陆冰盖考察队的17名队员，驾驶5辆雪地车，拖挂13架大型雪橇、4个内陆舱、1个集装箱，并携带408桶航空燃油，历经50天，总行程超过2 600千米，再次成功登顶冰穹A最高点。④

① 国家海洋局. 2007年度中国极地考察报告［Z］. 北京：国家海洋局，2007：98－99.
② 同上，第99页。
③ 同上。
④ 国家海洋局. 2008年度中国极地考察报告［Z］. 北京：国家海洋局，2008：23.

对冰穹 A 中心区域 6 000 平方千米范围内和往返冰盖断面上，系统开展了多学科科学考察和内陆站建站选址调查工作。2008 年 2 月 9 日，内陆冰盖考察队安全返回中山站。

2008 年 4 月 30 日，国家发展和改革委员会正式批复内陆站建设项目可行性研究报告。南极内陆站站区计划总建筑面积约 600 平方米，并建设相应的发电、水处理、通信等配套设施。购置 4 辆重型雪地牵引车、Y12E 型小型国产固定翼飞机及配套设施，在南极中山站新建建筑面积约 1 500 平方米的车库、发电楼、宿舍楼等，在澳大利亚设立支援中心，建筑面积控制在 500 平方米。新增实验与技术平台总建筑面积约 10 000 平方米。项目总投资暂按 25 521 万元控制。①

有了国家的正式决策和细化方案，2008 年，国内紧锣密鼓为再次登顶冰穹 A 并建立新站做准备，不仅包括各种政策性报批和国际交流通报，还包括物质上的各种准备和对内陆站考察队队员的各种训练。

2008 年 4 月 7 日，国家海洋局印发了中国南极内陆站建设项目领导小组办公室组织制订的《中国南极内陆科学考察站建设项目站区建设工程实施方案》作为内陆站站区建设工程的指导性文件。② 6 月 2 日至 13 日，第 31 届南极

① 国家海洋局. 2008 年度中国极地考察报告［Z］. 北京：国家海洋局，2008：105 – 106.
② 同上，第 106 页。

条约协商会议和第 11 届南极环境保护委员会会议在乌克兰基辅召开，会议全面审议并通过了我国提交的《中国南极冰穹 A 站建设与运行全面环境影响评估报告草案》，最终的环评报告于 2008 年 8 月 20 日以电子版分送南极环境保护委员会各成员国。① 2008 年 7 月 16 日，国家海洋局向新闻媒体通报中国南极内陆站启动情况并通过网络向社会征集站名。7 月 28 日，国务院批准我国南极内陆站站址确定为：南纬 80°25′01″、东经 77°06′58″，高程 4 087 米，距离冰穹 A 最高点 6 米。同时，为保障南极内陆站运行和应急救援设立中继站，其位置距中山站直线距离 806 千米，高程 880 米。7 月 30 日，中国南极内陆站建设项目的初步方案报国家发展和改革委员会。7 月 29 日至 8 月 11 日及 8 月 25 日至 9 月 1 日，内陆考察队队员赴西藏进行高原选拔性训练。② 8 月 13 日，经专家评议和国家海洋局批准，中国南极内陆站最终确定站名为中国南极昆仑站。国家海洋局于 2008 年 10 月 16 日公布了南极内陆站的站名——中国南极昆仑站。对此，相关人员介绍说，这个站名是经过网络征集的。昆仑在我国历史文化中具有重要意义，"长城是我国著名的人文景观，中山取自孙中山先生的名字，而昆仑则是自然景观，这几个名字相得益彰"。此外，该站建在南

---

① 国家海洋局. 2008 年度中国极地考察报告〔Z〕. 北京：国家海洋局，2008：106.

② 同上。

极大陆的最高点，而昆仑则意味着高山，象征着制高点，因此最终入选。

物质条件准备方面，在项目管理、设计、施工三方的通力协作下，坚持自主创新，采用高科技手段，成功研制了耐低温材料，解决了内陆站主体建筑制造过程中遇到的一系列技术难题，并顺利进行了内陆站主体建筑结构的制造和国内预安装。2008年7月30日，工程舱建造及内部装修和水、电、暖施工完毕；8月25日，主体结构加工完毕，预组装成功。内陆站主体建筑的主体材料采用特别研制的耐低温氟碳彩涂板，主要装修材料均通过上海交通大学低温实验室-90℃的耐低温检验，性能未发生异变，使用功能正常。9月8日，完成内陆站主体结构与工程舱合成组装，并完善围护系统；10月10日，完成全部构件材料维护、编号、包装，具备装船条件。后勤保障系统中的发电设备、雪地车、雪橇舱、雪橇、燃油、医疗设备、通信设备等的订货、加工等准备工作在4—9月的不同时间段①陆续完成。

2008年10月20日，包括28名内陆冰盖考察队队员在内的中国第25次南极考察队从上海出发，出征南极。12月18日，28名内陆冰盖考察队队员从中国南极中山站出发，向冰穹A挺近，开始执行建设昆仑站的任务。

2009年1月6日，28名内陆冰盖考察队队员克服运力

---

① 国家海洋局.2008年度中国极地考察报告［Z］.北京：国家海洋局，2008：106－107.

严重不足、冰盖软雪带、冰裂隙带及众多雪丘等重重困难，用8辆雪地车（4辆卡特、4辆PB300）、44架雪橇，将所有570吨建站、科考和后勤物资运至冰穹A最高点昆仑站建站站址①，拉开了我国在南极大陆腹地建站的序幕。

在建站的21天里，内陆冰盖考察队精心组织，成功解决南极高原软雪基础和极端低温下的施工难题，完成基础构筑、平台搭建及工程舱组装等任务，经受了高寒、缺氧及极端环境下施工引发的冻伤、高原反应、体能下降等考验。2009年1月27日，内陆冰盖考察队按照设计要求完成了昆仑站主体建筑工程建设任务，并同时将一座体现中国文化特色的中华鼎——"天鼎"放置在南极内陆冰盖最高点。② 昆仑站是中国继在南极建立长城站、中山站以来，建立的第3个南极考察站③，同时，也是中国首个南极内陆站和世界第6座南极内陆站。以昆仑站为依托，我国将有计划地在南极内陆开展冰川学、地球物理学、大气科学等领域的科学研究。

2009年1月27日，中共中央总书记、国家主席胡锦涛代表党中央、国务院对中国南极昆仑站的建成表示热烈的祝贺，向在南极恶劣环境中迎难而上、团结协作、顽强拼

---

① 国家海洋局.2009年度中国极地考察报告［Z］.北京：国家海洋局，2009：96.

② 同上，第96－97页。

③ 国家海洋局极地考察办公室.中国·极地考察三十年［M］.北京：海洋出版社，2016：183.

搏，为建设中国南极昆仑站作出突出贡献的全体考察队队员表示诚挚的问候，并遥祝考察队队员们节日愉快、身体健康、工作顺利。胡锦涛在贺电中指出，中国南极昆仑站的建成，必将拓展我国南极科学考察研究的领域和深度。这是我国为人类探索南极奥秘作出的又一个重大贡献。胡锦涛希望考察队队员们再接再厉、连续作战，深入推进考察活动，积极开展国际合作，努力取得更多考察研究成果，不断谱写我国南极科学考察事业新篇章，为人类揭开南极奥秘、和平利用南极作出新的更大贡献。① 昆仑是中华民族的象征，玉石是高洁祥和的写照，因此国家海洋局决定选用青海昆仑玉作为中国昆仑站立碑用玉。昆仑站玉碑由墨绿色玉碑主体和基座两部分组成，总重约 4 吨，宽约 2.5 米，高约 1.6 米，玉碑镌刻有胡锦涛主席题写的"中国南极昆仑站"站名。昆仑站玉碑由我国第 27 次南极考察队运往南极内陆冰盖最高点，永久矗立在中国南极昆仑站。②

2009 年 2 月 2 日，昆仑站开站仪式以电话连线方式在中山站和昆仑站两地同时隆重举行。中国政府代表团在中山站参加并主持了开站仪式。12 时 25 分（北京时间），时任国家海洋局副局长陈连增宣布我国首个南极内陆站——

① 新华社.胡锦涛致电对中国南极昆仑站的建成表示热烈祝贺 [EB/OL]. （2009 - 01 - 28）［2020 - 06 - 30］. http：//www.gov.cn/ldhd/2009-01/28/content_1216556.htm.
② 苏建平."中国南极昆仑站"——昆仑玉碑将在南极永久矗立 [EB/OL]. （2010 - 10 - 23）［2020 - 06 - 30］. http：//www.zhiduo.gov.cn/html/736/58872.html.

中国南极昆仑站正式开站，国家海洋局任命李院生为中国南极昆仑站首任站长，夏立民、李侍明为副站长。2月26日，中国第25次南极考察队在中山站隆重举行中山站建站20周年暨南极内陆冰盖考察队凯旋庆祝仪式。至此，中国南极昆仑站新站建设圆满完成。

本次南极内陆冰盖考察队实施建设了236平方米的主体建筑，包括生活区和科研区，可以满足20名度夏队员科学考察工作需要，开展冰川学、天文学、地质学、地球物理学、大气科学、空间物理学等领域的科学研究，实施冰川深冰芯科学钻探计划、冰下山脉钻探、天文和地磁观测、卫星遥感数据接收、人体医学研究和医疗保障研究等科学考察与研究。此外，队员们还可以昆仑站为基点，辐射南极极点、分冰岭地区，开展更为广泛的科学考察工作①。

《南极条约》体系将南极确定为自然保护区，各缔约国应全面保护南极环境及依附于它的生态系统。中国高度重视环保，是负责任的南极条约协商国，因此在筹建内陆站时，充分考虑了环境因素的影响，对内陆站的建设和运行进行了全面的环境影响分析评估，并制订了相关的环保措施和应急预案，确保在发挥内陆站科学平台价值和满足队员工作生活需求的同时，尽可能减少内陆站建设对环境的影响。单纯的集装箱式构件节能效果较差，为了减少油料

---

① 国家海洋局.2009年度中国极地考察报告［Z］.北京：国家海洋局，2009：97.

消耗，最大限度地保护环境，昆仑站的主体结构全部采用耐低温的不锈钢，外包复合加芯的保温板。这样，整个昆仑站设计成内部功能舱与外部保温围护层两部分，内部功能舱由若干个可独立运输的集装箱式预制舱拼接而成，施工人员在国内将工能舱及其内部装修、设备全部做好，把这些工能舱运往冰穹 A 组装后，再在现场安装外部保温围护层。

昆仑站的建设在设计上还体现出浓厚的人文关怀，在其设计过程中更多考虑的是为科考队员创造一个温暖、舒适的工作与生活环境。昆仑站的总设计师、清华大学建筑设计研究院张翼博士曾透露，此次设计的主体建筑面积为 348.56 平方米，"尽管面积不大，但设施可谓一应俱全。"张翼介绍说，"整个建筑按照功能分为住宿区、活动区和保障区，包括宿舍、医务室、科学观测、卫星通信、厨房、浴室、厕所、污水处理、发电机房、锅炉房、制氧机房和库房等。"总的设计原则是最大限度地利用空间，既要满足各种用途的需求，又要给科考队员留出足够的活动空间。"冰穹 A 周围方圆上千公里都是无人区，景观也极其单调，全是白茫茫的一片，给人一种与世隔绝的感觉。"张翼说，"在那里，最大的挑战是人的心理压力，科研人员在昆仑站至少要待上 2 个月。因此，在房屋设计上，要尽可能弥补环境对人心理造成的影响。"此外，昆仑站的室内设计与家具的选择多采用温暖、艳丽的色彩；同时，在寸土寸金的昆仑站，张翼还"奢侈"地设计了一个近 30 平方米的多功能活动室。这个既可作为会议室、又能当餐厅的区域，在他看来，最重要的目的是给科考队员一个足够大的交流空间。"充分的交流能显著缓解人的孤独感。"张翼相信，这个大活动室将成为科考队员最常去的地方，"开会、用餐、聊天都可以"。昆仑站的宿舍有点类似于火车上的小包厢，也是上、下铺，但床更宽、更长，屋里有专门的空间放行李，还有一张可折叠的工作台，"至少我住在里面，会觉得舒适。"张翼说。

但这毕竟不是普通的火车包厢。比如，在每个床头有一个供氧终端。科考队员通过它，可以补充氧气，缓解缺氧造成的不适。昆仑站位于冰穹 A 地区，此处的含氧量仅有海平面的 60%。不仅如此，冰穹 A 的温度也非常低，即使夏季平均温度也在 -30℃ 左右，科考队员在室外活动很容易疲劳。为此，在淋浴之外，张翼还依照一位曾登顶冰穹 A 的科考队员的建议，在浴室里硬"挤"进了一只浴桶，"它既可缓解疲劳，也能让人迅速地恢复正常体温，应该很管用。"

中国南极昆仑站的建成，具有十分重大的意义。作为我国第一个南极内陆考察站，昆仑站的胜利建成，实现了我国南极考察从南极大陆边缘区域向南极腹地的历史性跨越，标志着我国从极地考察大国向极地考察强国方向迈出了具有国际影响力的关键一步。[①] 建成后的昆仑站，是世界

---

① 国家海洋局. 2009 年度中国极地考察报告［Z］. 北京：国家海洋局，2009：前言.

第6座南极内陆站，标志着我国已成功跻身国际极地考察的"第一方阵"，成为继美国、俄罗斯、日本、法国、意大利、德国之后，在南极内陆建站的第7个国家。中国南极昆仑站的建成，引起世界各南极考察国家的广泛关注，*Science*、*Nature* 等多家国际科学媒体对此进行了报道。①

中国南极昆仑站的建成，举世瞩目，标志着我国极地考察事业取得跨越式发展。为鼓舞士气，2009年11月16日，国家海洋局下发国海人字〔2009〕701号《关于对中国第25次南极考察队和参加昆仑站建设的有关人员予以表彰的通知》，对在第25次南极考察以及南极昆仑站建设中作出突出贡献的杨惠根、李院生、夏立民等有关人员予以立功、嘉奖表彰。2010年1月，经563名中国科学院院士和中国工程院院士投票评选，中国南极昆仑站的建成作为三大科技基础建设成果之一，被列为2009年中国十大科技进展新闻之一，显示了我国高科技在极地考察领域中的应用已日趋广泛和深入。2010年2月，在昆仑站建成1周年之际，胡锦涛主席亲笔题写了站名，这是继邓小平、江泽民同志为南极考察（站）题词、题名后，党和国家领导人再次为南极考察站题名，充分显示了党和国家3代领导人对南极考察事业的关怀。②

---

① 国家海洋局. 2009年度中国极地考察报告［Z］. 北京：国家海洋局，2009：97.
② 国家海洋局. 2010年度中国极地考察报告［Z］. 北京：国家海洋局，2010：前言.

中国南极昆仑站在 2009 年 1 月建成后，接下来的工作就是进一步完善，以发挥其应有的科学考察功能。这一工作也在 2009 年加紧进行准备。2009 年 12 月 18 日，中国第 26 次南极考察昆仑站队从南极中山站出发，经过 18 天的艰苦跋涉，于 2010 年 1 月 5 日到达冰穹 A。① 宝钢集团承担完成了长 40 米、深 3 米、宽 5 米、钻塔处高出地面 4.5 米的深冰芯钻探场地建设；安装了昆仑站内的污水处理设备，并对站区房屋内墙壁和天花板进行了装修，完成室内吊顶和窗户玻璃安装等一期工程部分工作的收尾任务。在距离中山站 806 千米的中继站区域，建成长 600 米，宽 50 米，雪面平整、开阔宽敞的跑道，为将来中国自己的固定翼飞机往返于中山站和昆仑站之间做好准备。② 此外，建设团队还不断加强后勤保障系统和能力建设。比如，建成了内陆车队，为内陆车队配置了内陆车辆 10 辆，总拖载能力 450 吨；雪橇 54 架，承载能力 81 吨；内陆舱 11 个，其中包括发电舱 3 个、生活舱 2 个、乘员舱 4 个、工具舱 1 个、卫生舱 1 个，具备了较强的运输支撑能力和运输安全保障能力，改善了科考队员野外作业的居住和工作环境。③ 总之，中国南极昆仑站及其后勤保障系统的条件持续改善，为相关科学考察和研究工作的开展提供了有力的保障。

① 国家海洋局.2010 年度中国极地考察报告［Z］.北京：国家海洋局，2010：101.
② 同上，第 101－102 页。
③ 同上，第 102 页。

第二节

抓住国际合作新机遇，
实施国际极地年中国行动计划

　　国际极地年（International Polar Year，IPY）每 50 年举办 1 次，在 1957—1958 年第 3 次 IPY 成功举办的基础上，第 4 次 IPY 于 2007—2008 年举行。我国由于历史原因没有参加第 3 次 IPY 活动，所以对第 4 次 IPY 格外重视，成功组织实施了国际极地年中国行动计划。

一、国际极地年中国行动计划的主要内容

　　IPY 被誉为国际南、北极科学考察的"奥林匹克"盛会，全球科学家共同制订计划，采取联合行动，开展合作研究。[1] 截至 2006 年，IPY 已经开展了 3 次，每次都使人

---

[1] 国家海洋局. 2007 年度中国极地考察报告 [Z]. 北京：国家海洋局，2007：前言.

类对南、北极和地球系统的认知有了跨越式发展①，同时IPY所倡导的合作精神为人类和平开发与利用南、北极树立了典范。作为世界上最大的发展中国家，中国尽管由于历史原因未能参加第3次IPY活动，但是自我国开展极地考察20多年来，在数千名科考工作者的不懈努力下，我国的极地事业从无到有、从小到大，在许多方面取得了令世界瞩目的成绩，为我国全面参与IPY活动奠定了坚实的基础。②

第4次IPY由国际科联和世界气象组织发起，共有63个国家参加，共实施了1 062项科学计划（其中我国科学家实施了11项科学计划），规模之大，前所未有。作为参加国之一，中国政府高度重视并积极参与这次IPY活动，成立了国际极地年中国行动委员会。③

中国极地研究从2002年开始执行了埃默里冰架与海洋相互作用研究工作，总结了多年来在该地区冰川与海洋学研究成果，认识到普里兹湾（海洋和海冰）—埃默里冰架—冰穹A构成了海洋/冰架/冰盖的完整物质平衡系统，在此基础上，利用中山站的地理优势和多年来在该地区研究工作的积累，提出了"普里兹湾—埃默里冰架—冰穹 A 综合断面科学考察与研究计划",简称 PANDA 计划（Prydz Bay, Amery Ice Shelf and Dome A observatories）。[①]

2006 年 4 月 25 日,国际极地年中国行动委员会在北京正式成立。委员会组成人员来自外交部、国家发展和改革委员会、教育部、科技部、国土资源部、卫生部、国家测绘局、中国科学院、中国气象局、国家自然科学基金委员会、国家海洋局等单位[②]。国际极地年中国行动委员会为中国官方委员会,全面指导和审议国际极地年中国行动计划,监督计划执行情况,代表国家参与 IPY 活动。国际极地年中国行动委员会委员由极地咨询委委员兼任[③]。我国科学家广泛参与了 IPY 的策划和国际极地年中国行动计划的制订,为 IPY 的推进作出了自己的贡献。2006 年 6 月 30 日,《国际极地年中国行动计划纲要》通过专家评审。[④]国际极地年中国行动计划包括 PANDA 计划、北冰洋科学考察计划、国际合作计划、信息与数据共享计划和科普与宣传计划,共 11 项行动,分年度实施。

其中 PANDA 计划是在 IASC 副主席、中国极地研究

① 中国极地研究中心.中国极地研究中心科研 20 年（1989—2009）[Z].上海：中国极地研究中心, 2009：15.
② 国家海洋局. 2006 年度中国极地考察报告 [Z]. 北京：国家海洋局, 2006：11.
③ 国家海洋局. 2007 年度中国极地考察报告 [Z]. 北京：国家海洋局, 2007：102.
④ 国家海洋局. 2006 年度中国极地考察报告 [Z]. 北京：国家海洋局, 2006：12.

中心张占海主任的领导下，由原中国极地研究所名誉所长董兆乾主持起草编写的，后又吸收了中国科学家向国际极地年国际计划办公室所报的另外 10 项计划中重要的南极研究内容进行了适度调整，形成了国际极地年中国行动计划南极地区内容的主干。在译成英文报给国际极地年国际计划办公室后，受到其主任戴维·卡尔森博士高度评价。特别是对其中的 PANDA 计划，戴维·卡尔森博士说："在科学主题的引领下，建立极地观测系统，实施科学观测，为之后的科学研究留下遗产，是举办国际极地年重要目的所在，中国在东南极目前国际上最为缺少数据和观测系统的这一海洋/冰架/冰盖统一体上建立起观测平台，实施观测，本身就是对国际极地年的重要贡献。"此外，他还提到，国际极地年国际计划办公室已经将 PANDA 计划选入了国际极地年国际核心计划，并授予国际核心计划代码"313"。

2007 年 3 月 1 日，2007—2008 年第 4 次国际极地年中国行动计划启动仪式在北京举行，宣布中国极地研究中心主任为 2007—2008 年国际极地年中国行动计划的首席科学家。时任中共中央政治局委员、国务院副总理曾培炎出席仪式并致辞，他代表中国政府向世界宣布："2007—2008 年国际极地年中国行动"正式启动。当他将"国际极地年中国行动"的旗帜庄严授予国际极地年中国行动委员会时，标志着具有重大意义的第 4 次 IPY 活动在世界上最大的发展中国家——中国拉开了帷幕①。我国有关部门负责人、国际极地年中国行动委员会成员单位代表，澳大利亚、挪威等南极条约协商国和 IASC 成员国驻华使馆代表等出席了启动仪式。国际极地年中国行动计划就此全面展开。

为加大国际极地年中国行动计划的国际合作，2007 年 5 月 27 日至 30 日，国际极地年冰穹 A 科学考察研讨会在上海召开，来自美国、澳大利亚、德国、俄罗斯、英国、法国、日本、韩国、加拿大和中国的 70 多名代表参会。②9 月 18 日，极地咨询委暨国际极地年中国行动委员会在北京召开会议，来自外交部、教育部、科技部、国土资源部、卫生部、国家测绘局、中国科学院、国家地震局、中国气象局、国家自然科学基金委员会、总参谋部的委员或代表出席了会议。会议对中国南极内陆站建设总体方案和国际极地年中国行动计划实施方案进行了说明③。

国际极地年中国行动计划实施方案总体目标是：拓展我国南、北极考察空间，在中山站—冰穹 A 断面系统开展冰川学、大气科学、海洋学、天文学、气候变化和地球物理综合科学调查，获取多学科长期观测数据；在北冰洋太平洋扇区和黄河站连续观测海洋、海冰、大气及生态系统变化，系统获取气候与环境变化数据。探索极地科学新前

---

① 国家海洋局.2007 年度中国极地考察报告［Z］.北京：国家海洋局，2007：前言.
② 同上，第 18 页。
③ 同上。

沿，开辟南极深冰芯研究、天文观测研究、冰下山脉等极地研究新领域，提高我国极地考察与研究的创新能力，形成我国在南极和北极区域性考察与研究优势，增强国际竞争力。加强国际合作考察与研究，保存和共享极地数据，增强国际合作实力。广泛宣传和普及极地科学知识，增强全民的极地意识和科学素养，造就新一代具有国际视野和竞争能力的极地人才队伍。①

国际极地年中国行动计划的总体任务是：在国际极地年中国行动计划期间，全面实施 PANDA 计划，以及北冰洋科学考察计划、国际合作计划、信息与数据共享计划和科普与宣传计划。②

二、PANDA 计划的实施

IPY 期间，我国在执行常规的极地考察年度计划的基础上，特别组织开展了普里兹湾—埃默里冰架—冰穹 A 综合断面科学考察与研究计划。该计划的英文缩写为 PANDA，所以又称"熊猫计划"。根据国际极地年中国行动计划编写组发表的《PANDA 计划简介》③ 一文，PANDA 计划的实施内容如下：

---

① 国家海洋局.2007 年度中国极地考察报告［Z］.北京：国家海洋局，2007：102.
② 同上，第 100 页。
③ 国际极地年中国行动计划编写组. PANDA 计划简介［J］.极地研究，2007（6）：158－162.

普里兹湾—埃默里冰架—冰穹 A 综合断面科学考察与研究计划是由中国科学家牵头组织的大型南极考察与研究计划，是国际极地年中国行动计划的核心计划，也是国际极地年国际核心计划之一。PANDA 计划考察断面北起普里兹湾海域，南至南极冰盖最高点冰穹 A，沿断面涵盖了东南极冰盖最大的冰流系统、南极第三大冰架、南大洋冷水团的重要生成区等全球变化关键区域。PANDA 计划通过一条包含海洋、冰架、裸岩、冰盖、大气和近地空间等要素的综合考察断面，观测各圈层相互作用过程，在关键地点钻取冰芯样品，将现代过程研究与历史演化相结合，研究南极与全球变化的关联，预测未来变化趋势。PANDA 计划由中山站—冰穹 A 断面和冰穹 A 综合考察、格罗夫山综合考察、埃默里冰架考察、普里兹湾—南印度洋断面海洋综合考察、站基国际协同观测等部分组成。

（一）中山站—冰穹 A 断面和冰穹 A 综合考察

建设中国南极内陆站，以冰盖典型断面综合考察、冰穹 A 冰芯钻探、现代地球气候环境本底观测、综合地球物理探测和天文学观测为重点，带动一批具有极地特色和优势的学科发展，形成中国的优势研究领域，作出我国对 IPY 和国际南极科学的贡献，构建起以我国为主的 PANDA 区域性国际合作格局。

（二）格罗夫山综合考察

东南极冰盖演化历史的研究在重建全球古气候演化模

式时具有重要地位，但受自然条件限制，是目前国际研究很薄弱的领域。在中国对南极格罗夫山进行人类首次较深入考察研究的基础上，对南极内陆冰盖新生代以来的波动过程开展系统深入研究，将率先揭示自上新世以来东南极内陆冰盖进退历史，对认识南极冰盖演化及其与全球气候环境变化的关系提供极为重要的数据，所获成果无疑具有填补空白的意义。项目成果将对南极冰盖演化历史的"活动派"与"稳定派"的长期争论投出关键的一票，并对南极冰盖演化过程与北半球重大气候事件的响应关系进行研究，对探讨行星地球的气候变化机制作出重要贡献。

（三）埃默里冰架考察

冰架-海洋相互作用是全球气候系统中人类了解最少的科学领域之一。在全球气候日益变暖的背景下，南极冰架如何响应及南极冰架的变化又对全球气候和生态系统有何影响这是新一轮南极与全球变化研究最引人关注的科学问题之一。利用中山站地理位置的便利条件，以气候变异如何影响海洋和冰架相互作用为主线，研究埃默里冰架与海洋的相互作用，不仅是我国南极科学考察新开辟的研究领域，也是国际最前沿的科学研究课题，具有重要的科学意义和突出的国家显示度。

对埃默里冰架的考察将会极大地提高人们对南大洋与冰架/冰盖相互作用动力学机制的认识，进而理解气候变暖对冰架/冰盖和南大洋稳定性的影响机制，揭示全球气候变化—南大洋动力学过程—冰架/冰盖稳定性—全球海平面变化的相互关系和作用机制，为提高人类对未来气候环境变化的预测能力服务。

（四）普里兹湾—南印度洋断面海洋综合考察

南大洋是全球大洋观测最稀少的海区，使对全球变化的模拟和预测难以向深度发展。南大洋中，大西洋扇形区的观测相对较多，太平洋扇形区次之，最少的是南印度洋扇形区。因此，只有加强对南印度洋扇形区的考察，积累数据，才能揭示南大洋印度洋扇形区和威德尔海海域水团、锋面、环流的形成机制，及其变性和变化与海冰、大气、气候变化的关系；了解主要生源要素的生物地球化学过程；研究浮游生物的空间和时间变化；探讨海冰热力和动力过程；研究南大洋海洋微型浮游生物群落的分布特征；为改进南极海-冰-气区域模拟，提升全球气候变化模拟和预测提供基础依据。

（五）站基国际协同观测

中山站、长城站、黄河站作为我国极地科学考察的支点，对我国深入开展多学科的极地考察起着非常重要的作用。在 IPY 期间，利用各个考察站各自不同的地理优势，有侧重地完善其观测系统，开展国际协同观测，积累国际水平的观测数据，获得国际水平的研究成果，培养造就一支国际水平的极地研究队伍，提高我国极地考察的国际影响力，实现我国极地科学的跨越式发展。

PANDA 计划是 2007—2008 年国际极地年中国行动计划中的核心计划。据国际极地年中国行动委员会副主席、国家海洋局副局长陈连增介绍，在国际极地年中国行动计划实施期间产生的科学数据、样品将作为主要成果得到安全保存和共享利用。数据共享计划将完整保存和共享 IPY 活动期间产生的数据、样品信息，整合围绕国际极地年中国行动区域的历史数据和研究成果，以支持持续开展关键区域的学科交叉研究。

三、组织实施中国第 3 次、第 4 次北极科学考察

根据国际极地年中国行动计划安排，2008 年 6 月 29 日至 9 月 24 日，中国组织实施了第 3 次以"雪龙"号为平台的北极科学考察计划，考察区域以白令海、楚科奇海、楚科奇海台、加拿大海盆为重点。① 这是继 1999 年第 1 次和 2003 年第 2 次北极科学考察后，我国政府组织的又一次对北极地区更加深入、全面、科技手段更加先进的综合考察。本次考察除了国内 110 名考察队队员之外，还邀请了欧洲 IPY 计划成员国法国、芬兰及北极太平洋扇区工作组成员国美国、日本、韩国的 12 名极地科研人员共同参与。根据考察计划，"雪龙"号从上海出发后，经日本海进入白令海，考察白令海、白令海峡、楚科奇海、楚科奇海台、加

---

① 国家海洋局. 2008 年度中国极地考察报告［Z］. 北京：国家海洋局，2008：107－108.

拿大海盆等海区，并于 9 月 24 日返回上海，历时 76 天，行程 12 000 多海里，创下船行最北到达北纬 85°25′，考察队飞机最北达到北纬 87°的新纪录。

本次科学考察以进一步研究北极快速变化过程中海洋、海冰和大气系统发生的耦合变化，以及对中国产生的影响等问题为主要科学目标，对白令海、楚科奇海、加拿大海盆的大面积海域和冰区，进行了涉及海洋、物理海洋、海洋生物、地球化学和海洋地质、地球物理学、大气等多学科的综合观测。考察队主要开展了白令海峡、海盆和陆架区、楚科奇海、波弗特海、门捷列夫海岭区综合海洋学考察；布设浮冰综合观测区，开展北冰洋中心区冰-海-气联合观测；布放海冰和海洋监测浮标；开展海冰航空遥感观测。

经过 76 天的日夜奋战，考察队共完成 132 个海洋学调查站位、1 个长期和 8 个短期冰面观测站的作业任务，采集各类样品 4 000 余份，获取了大量准确翔实的数据资料，并首次在北极空投抛弃式温盐深剖面仪，不仅拓展了调查区域和观测数据，而且为未来北极无冰海域的空投观测积累了经验。此次科学考察还首次开展了地球物理调查，完成磁力测量 870 千米，重力测量 7 340 千米，弥补了中国在这一调查领域的空白。考察队采用最新的科考调查手段，测试了 2 台新研制的观测设备——冰下自主遥控观测机器人和系缆式剖面测量平台，为今后中国北极科学考察的进一步深入提供了有力武器。[1]

2010 年中国第 4 次北极科学考察是我国在 IPY 期间组织的最后一次重要的极地科学考察活动。此次科学考察于 2009 年 11 月开始组织，2010 年 4 月完成组队，5 月确定了现场实施计划。考察队 2010 年 7 月 1 日从厦门出发，9 月 23 日返回上海，历时 85 天。本次科学考察计划的目的是围绕国家经济、社会发展的战略需求，深入开展北极海冰快速变化与海洋生态系统响应研究，进一步增强对北极环境变化的了解，强化对北极战略地位的认识，维护国家极地权益，提升我国在北极事务中的国际地位。[2]

中国第 4 次北极科学考察是以北极海冰快速变化与海洋生态系统响应研究为主题的一次北极多学科综合考查。本次科学考察首次实现了中国北极考察队依靠自己的力量到达北极极点开展科学考察的愿望，实现了历史性的突破。本次科学考察考察站位区域覆盖南北纵贯 2 300 海里，东西横跨 1 100 海里，范围广、内容全、取得的资料和样品丰富，以及到达的纬度之高，均创下了我国北极科学考察中的新纪录。[3]

中国第 4 次北极科学考察取得了一系列新的进展：一

① 北极问题研究编写组. 北极问题研究［M］. 北京：海洋出版社，2011：358－359.
② 国家海洋局. 2010 年度中国极地考察报告［Z］. 北京：国家海洋局，2010：105.
③ 同上，第 106 页。

是首次在白令海海盆 3 742 米水深完成 24 小时连续海洋学观测。二是首次将海洋考察站延伸到北冰洋高纬度的深海平原；此次北冰洋海洋生态系统考察是我国历次北极科学考察中项目最多、内容最全、获取样品量最多的一次。三是首次在北纬 88°26′ 利用生物垂直分层采集器进行了 3 000 米水深的生物采样；成功采集到我国迄今在地球最北区域北纬 87°21′ 的一条体长为 18 厘米的北极鳕鱼生物样品；首次在北纬 88°24′ 高纬度地区获得水深 3 997 米的沉积物柱状样品，最长柱状样品达 4.4 米。① 四是首次在北极极点冰面上布放了冰浮标，发射了抛弃式温盐深剖面仪，进行了生态学观测，采集了大量的海冰和海水样品，首次获得 2.5 米长的北极极点冰芯。

这次科学考察还顺利回收 2008 年布放的综合观测潜标系统，这是我国在包括南极和南大洋在内的第一套线长度超过 1 300 米的极地深水潜标，是我国第一套观测周期超过 1 年以上的极地长期潜标，同时也是进行同类作业时间最长、回收设备价值最高的一次。② 长期冰站作业时间达 13 天，也是历次北极科学考察中连续作业时间较长的。此外，还创造了北极科学考察时长历史之最。"雪龙"号最北到达北纬 88°26′，也开创了中国航海史的新纪录。

---

① 国家海洋局. 2010 年度中国极地考察报告［Z］. 北京：国家海洋局，2010：106.
② 同上。

四、极地科普宣传与数据共享

积极开展国际极地年中国行动计划宣传活动，也是国际极地年中国行动计划的重要组成部分。我国在两极围绕国际极地年中国行动计划，在开展各项科学考察活动的同时，在国内也着重开展了有关的科普宣传活动。有关部门充分利用各种新闻媒体、科普教育基地等宣传平台，开展对国际极地年中国行动计划的宣传。

早在 IPY 活动开展之前的 1997 年，在国家海洋局领导的关心以及极地办、上海市科学技术委员会、上海市教育委员会、科学技术协会和浦东新区科学技术协会等部门的大力支持下，在中国极地研究所内建成了极地科普馆。1997 年 5 月 12 日，极地科普馆正式揭牌开馆。上海市副市长左焕琛、国家海洋局副局长葛有信、极地办主任陈立奇等部门领导出席。极地科普馆由陈至立题写馆名，于 1999 年 11 月被评为全国科普教育基地。12 月，在北京召开的全国科普教育工作大会上，极地科普馆被授予全国青少年科技教育基地。该馆的成立为弘扬爱国、拼搏、求实、创新的南极精神，普及极地科学知识，提高国民特别是广大青少年学生的科学文化素养起到了广泛的社会影响和积极作用。

2008 年，国际极地年中国行动委员会与挪威王国外交部共同组织，由极地办、中国极地研究中心、挪威王国驻上海总领事馆具体承办的"迎接北极第一缕曙光"——

10 名中国大学生北极考察活动于 2 月 28 日至 3 月 13 日在挪威斯瓦尔巴群岛地区展开。① 10 名中国大学生分别是中国科技大学的钟楠、天津医科大学的李幸、复旦大学的邓贝西和徐远清、成都中医药大学的杨濛、中山大学的樊瑾、大连海事大学的郑丽、武汉大学的唐瑞、香港大学的王欢欢、香港科技大学的蒋春萌。他们是从报名参加此次考察活动的全国 3 000 余名大学生中通过多轮比赛层层遴选出的。② 在此次考察活动中，他们按计划前往中国北极黄河站，按照各自设计的课题进行探索性研究，内容涉及生物、物理、天文、地理、气候、人文等领域。选拔大学生赴北极考察活动是国际极地年中国行动计划公众参与的组成内容之一，旨在通过在校优秀学生赴北极体验极地生活、感受极地情怀、挑战自我的全新探索与尝试，让社会各界，尤其是广大学生关注北极气候与环境、深入了解极地相关知识，为造就新一代极地人才做好储备工作。③ 这一活动的开展，掀起了社会公众关注极地的新热潮，增进了公众对极地的了解，增强了人们保护地球的意识。

此外，极地办与中国极地研究中心联合于 2009 年 7 月

① 国家海洋局.2008 年度中国极地考察报告［Z］.北京：国家海洋局，2008：108.
② 孙闻.中国 10 名"北极使者"大学生科考团启程［EB/OL］.（2008-02-28）［2020-07-18］.http://news.sciencenet.cn/htmlnews/2008228153714938202326.html.
③ 孙闻.十名大学生入选"中国大学生北极考察活动"［EB/OL］.（2008-02-16）［2020-07-18］.http://news.sciencenet.cn/htmlnews/2008216225333281201360.html.

在珠海市中国国际航空航天博览中心举办了中国极地科学考察 25 年成就展；与北京富国海底世界共同举办了北京青少年科普展览和海洋知识竞赛活动，其中有关极地考察方面的展览受到了广大青少年朋友的热烈欢迎。[①] 山西省作家协会副主席张锐峰以极地考察成就及登顶冰穹 A 为主题创作了文学作品，分别刊登在著名文学期刊《十月》杂志的第 5 期和第 6 期上，集中报道宣传我国极地考察取得的出色成就。此外，中国极地研究中心委托中国画报出版社出版了《极境》画册，以极地考察队队员拍摄的极地照片，从人文、环境、考察、科研等多个视角反映我国的极地考察风貌。[②]

2008 年，国际极地年信息与数据共享计划也启动并开始实施。中国极地研究中心作为此项计划的牵头单位，组织国家海洋局第一、第二、第三海洋研究所、中国气象科学研究院等单位，开展相关学科的历史数据整理、整合与共享。其具体执行内容包括：IPY 信息与数据门户开发，IPY 首年度考察新增数据归档、整理和发布，PANDA 计划断面气象主题数据库开发，PANDA 计划断面海洋主题数据库开发和中山站日地物理数据库开发等。[③]

2011 年 4 月 8 日，国际极地年中国行动总结大会在北京召开，标志着人类历史上第 4 次 IPY 活动在中国结束，我国

---

① 国家海洋局.2010 年度中国极地考察报告［Z］.北京：国家海洋局，2010：100.
② 同上。
③ 同上，第 108 页。

的极地考察将进入新的历史阶段。在国际极地年中国行动计划实施期间，圆满完成了国际极地年中国行动计划的各项行动任务，取得了国际瞩目的成就。中国建立了第 3 个南极考察站——昆仑站，建立了观测系统与数据样品共享平台，国家极地研究条件平台正在加速形成，留下了重要的科学遗产；吸引了一批新学科参与极地研究，取得了一批具有国际影响力的科研成果；对南极系统和北极系统的科学认识更加深刻，锻炼和造就了一支具有国际竞争力的骨干科学家和青年极地考察与研究人才队伍；形式多样的科普传播和公众参与形式，极大提高了全民的极地意识。[①] 对此，时任国务院副总理李克强作出重要批示，他指出第 4 次国际极地年中国行动计划的实施，推动了我国南、北极考察事业迈上新台阶，扩大了极地科学领域国际合作与交流，推进了信息数据共享和极地知识宣传，取得了丰硕成果。谨向参加行动的科技工作者等表示诚挚的敬意和亲切的问候！极地与海洋考察是人类探索自然奥秘、拓展未来生存与发展空间的光荣事业。希望广大极地与海洋工作者再接再厉，勇攀高峰，深入开展极地科研考察，合理开发利用极地资源，全面参与国际交流合作，为人类和平利用极地作出新贡献。[②] 来自外交部、

---

① 国家海洋局. 2010 年度中国极地考察报告［Z］. 北京：国家海洋局，2010：125.
② 赵建东. 第四次国际极地年中国行动总结大会在京召开［EB/OL］.（2011−04−08）［2020−08−11］. http://news.hexun.com/2011-04-08/128587663.html.

国家发展和改革委员会等国际极地年中国行动委员会成员单位的领导和代表、特邀参会的院士代表、参与国际极地年中国行动计划执行单位的领导和代表、极地考察队队员代表等200多人参加了此次大会。

21世纪新规划谋长远，
极地考察能力建设强本固基

　　进入21世纪，我国极地考察事业也进入新阶段。极地工作者根据中国极地事业发展需要和国家发展战略，酝酿、讨论提出了在"十五"期间乃至更长一段时间，我国极地事业能力建设的若干方面。经过集思广益，国家海洋局将中国极地考察"十五"能力建设项目凝练为4项内容：建立北极黄河站、南极两站基础设施与设备更新能力建设、"雪龙"号极区航行安全和作业能力建设及极地考察国内基地能力建设。2001年5月23日，《中国极地考察"十五"能力建设项目建议书》上报国家发展和改革委员会。2003年8月8日，国家发展和改革委员会下发《印发国家发展改革委关于审批中国极地考察'十五'能力建设项目建议书的请示的通知》（发改投资〔2003〕908号），标志着极地考察"十五"能力建设项目正式启动。①

　　2003 年和 2004 年，中国北极黄河站获得了重点建设并被启用。到了 2005 年，在中国北极黄河站的建设及其配备装备全面完成的情况下，其他 3 项能力建设项目全面启动，按计划完成了南极两站基础设施与设备更新能力建设、"雪龙"号极区航行安全和作业能力建设及极地考察国内基地能力建设的初步设计工作。10 月，在北京和上海先后召开了南极考察站更新改造、"雪龙"号更新改造、极地考察国内基地建设项目初步设计评审会。11 月，向国家发展和改革委员会上报了中国极地考察"十五"能力建设项目初步设计文件。

　　2006 年，我国极地考察"十五"能力建设项目进入到全面实施阶段。7 月 24 日，国家发展和改革委员会（发改投资〔2006〕1449 号）正式批复同意《中国极地考察"十五"能力建设项目初步设计方案和投资概算》，核定项目总投资为 52 189 万元。② 8 月 9 日，极地考察"十五"能力建设项目实施领导小组第 10 次会议在上海召开，会议传达了国家发展和改革委员会批复的极地考察"十五"能力建设项目初步设计文件，明确了项目投资额度和建设内容以及项目负责人，标志着极地考察"十五"能力建设项目进入

---

① 中国极地研究中心. 足迹：中国极地研究中心 20 年发展纪事［M］. 北京：海洋出版社，2010：79.

② 国家海洋局. 2006 年度中国极地考察报告［Z］. 北京：国家海洋局，2006：16.

到全面实施阶段。①

2007 年是我国极地考察"十五"能力建设项目全面实施的关键年。2007 年，中国极地考察"十五"能力建设项目主要包括 3 个方面的建设内容：南极长城站和中山站基础设施与设备的更新改造、"雪龙"号的更新改造、极地考察国内基地建设。南极长城站和中山站的改造不仅仅完善了自身的能力建设，同时中山站的改造建设还将为我国在南极内陆建立考察站打下基础。"雪龙"号更新改造后也将能够担当更加繁忙的任务，新建的极地考察国内基地将会发挥后勤保障和科研保障等多方面的综合作用。本次"十五"能力建设项目完成后，中国极地考察的保障体系将更加完善，支撑水平、安全运行能力将有很大的提高，为我国极地考察事业的发展奠定物质基础。②

2008 年，我国极地考察"十五"能力建设初显成效。中国第 24 次南极考察队在长城站、中山站顺利完成了基础设施改造工程，使两站保障能力得到进一步提高。更新改造后"雪龙"号的自动化、信息化程度达到世界先进水平，实验室能力和海上调查手段也大幅提高，并在第 24 次南极考察和第 3 次北极科学考察中经受住了坚冰和暴风的考验。

① 国家海洋局. 2006 年度中国极地考察报告 [Z]. 北京：国家海洋局，2006：16.
② 国家海洋局. 2007 年度中国极地考察报告 [Z]. 北京：国家海洋局，2007：100.

中国极地考察国内专用码头的建成启用，为极地考察平台的系统化和集成化建设打下了良好的基础。

一、中国北极黄河站的建立

自 1999 年成功实施首次北极科学考察之后，国家海洋局根据我国参与北极事务的需要和科学家的建议，构思建立北极科学考察站，并支持和资助了一批科学家前往北极地区开展国际合作研究，为建立北极科学考察站进行了初步准备。2001 年，我国极地考察"十五"能力建设项目总体方案中正式提出建立北极科学考察站的构想。2002 年9 月，国家海洋局在征求有关科学家意见的基础上，会同国务院有关部门对北极斯瓦尔巴群岛进行了专题考察，并组织编写了《中国北极科学考察站建设总体方案》（以下简称"总体方案"）。

总体方案建议我国在斯瓦尔巴群岛的新奥尔松地区建立北极科学考察站；主要开展北极地区海洋、大气、空间物理、地球物理、生物、生态、地理、地质、冰川等多学科的常年考察与研究；在规模上能够满足 20~25 人同时在站工作和生活的需要；考察站将参照其他国家的建站模式，充分利用当地现有的基础设施和公共服务体系进行建设。

北极黄河站选址位于挪威斯瓦尔巴群岛的新奥尔松地区。北极科学考察主要针对北极这一特殊区域开展，这就在法律方面涉及了周边国家的相关法律和通行的国际法，其中最重要的相关法律就是《斯匹次卑尔根群岛条约》（即《斯瓦尔巴条约》）。《斯匹次卑尔根群岛条约》规定，缔约国在"承认挪威对斯匹次卑尔根群岛拥有完全主权"的前提下，可以享有在斯匹次卑尔根群岛地域及其领水内的捕鱼、狩猎权，开展海洋、工业、矿业、商业活动的权利和在一定条件下开展科学调查活动的权利。因此，尽管北极所有陆地分属 8 个环北极国家，但中国作为《斯匹次卑尔根群岛条约》缔约国，完全拥有条约中规定的包括开展科学考察在内的相应权利，这使中国在该地区建立科学考察站具有了法律依据。

2003 年，总体方案在征求国家有关部门意见后，由国家海洋局经由国土资源部上报国务院，正式请示申请建立中国北极科学考察站并得到国务院的正式批准。2001—2003 年，中国科学家和有关部门的工作人员几次来到新奥尔松地区考察。几经选择，国家海洋局最终确定了站址。中国北极黄河站首任站长杨惠根研究员曾向新华社记者说明了建站新奥尔松的原因：第一，根据《斯匹次卑尔根群岛条约》，该群岛是我国在北极圈内建立常年科学考察站的唯一选择。第二，新奥尔松是到北极极点的桥头堡，是理想的国际北极合作研究基地，此处集中了挪威、法国、德国、英国、意大利、日本、韩国等国家的野外观测和考察站，便于开展国际合作研究与交流，共享必要的野外作业实验条件和观测数据资料。第三，这里是极隙区，是研究高空大气物理尤其是极光的理想之地。第四，斯瓦尔巴群岛是世界上保持自然原生态的最后几个岛屿之一，新奥尔松由大峡湾、冰川、冰碛岩、冰川河流、山和一个典型的苔原生态系统包围，其地形地貌、地层系统、生态环境的复杂多样性为海洋、大气、冰川与海冰、生物生态、地质、大地测量等学科的研究提供了天然的场所。

2003年11月4日，国家发展和改革委员会下发了《国家发展改革委关于中国北极科学考察站建设实施方案的批复》（发改投资〔2003〕1702号），这标志着国家有关部门正式批准建立我国第一个北极科学考察站。12月17日，国务院总理温家宝在国土资源部呈报的《关于中国北极科学考察站投入运行的请示》上批示同意。

2004年7月28日，中国北极科学考察站——黄河站正式落成并投入运行。中共中央总书记、国家主席胡锦涛致信祝贺中国北极黄河站建成并投入使用，并向不惧艰险、立志造福于人类的我国极地科学工作者表示诚挚的问候。胡锦涛在贺信中指出，极地科学考察是人类探索自然奥秘、探求新的发展条件的重要领域，是一项功在当代、利在千秋的伟大事业。20多年来，我国成功组织了20次南极考察和2次北极考察，取得了许多具有国际先进水平的科研成果，建成了中国南极长城站和中山站。中国北极黄河站的建成，揭开了我国极地科学考察事业的新篇章，为我国极地科学工作者开展北极科学考察创造了良好的条件。这

3 个科学考察站，既为我国开展极地科学考察提供了重要平台，又为我国进行对外科学交流打开了重要窗口。胡锦涛表示，相信在广大极地科学工作者的辛勤努力下，我国极地科学考察事业一定能够为人类和平与发展的崇高事业作出新的更大的贡献。[①] 中国北极黄河站如图 4 - 2 所示。

图 4 - 2　中国北极黄河站

　　黄河站是一栋两层楼的建筑，建筑面积 500 平方米、使用面积 456 平方米，包括实验室、办公室、阅览休息室、宿舍、储藏室等。黄河站已建立气象和全球定位系统观测实验室、冰川实验室、生态海洋实验室、极区空间环境与空间天气实验室等多个跨学科、功能完善的综合考察研究

---

① 　新华社.胡锦涛致信祝贺中国北极黄河站建成并投入使用［N］.光明日报，2004 - 07 - 29（1）.

基地。黄河站所"驻扎"的站房，是一座斜坡顶的二层独栋小楼，与其他国家科考站的距离都不远。这座小楼建于20世纪40年代，是混凝土结构，非常坚固，它原为挪威王湾公司的宿舍楼，中国方面向王湾公司租用了这栋楼房，并签订了改造合同。2003年9月改造工程完成后至正式落成，黄河站一直处于试运行状态。在小楼的顶部有5个小"阁楼"，那是北极科学考察重要的设施——光学观测平台。最值得称道的是，黄河站拥有全球极地科学考察中规模最大的空间物理观测点。

中国北极科学考察站的建立，为我国在北极创造了一个永久性的科研平台，这为解开空间物理、空间环境探测等众多学科的谜团提供了极其有利的条件。北极建站后，中国科学家还将建立中国北极卫星常年观测站。在同一条地球磁力线的南、北两端，同时进行极光的观测、对比，这为各国科学家探寻地球外层空间诸多奥秘提供了便利。由于南极中山站和北极黄河站基本都在磁纬75°上，因此中国科学家将可以在南、北两极对极光进行同步追踪和研究。

二、中国南极长城站和中山站基础设施与设备的更新改造

2006年，国家发展和改革委员会批复了关于南极考察站和"雪龙"号更新改造的初步设计方案，中国南极长城站、中山站以及"雪龙"号的更新改造准备工作随即展开，站、船改造的详细设计与施工招标的有关前期调研和细化

工作有序开展，初步确定了船舶改造招标代理机构。

2007 年，南极长城站、中山站更新改造项目开展了施工图纸设计、施工招标、设备招标采购、国内预加工等工作。南极长城站、中山站建筑施工招标在上海市招标中心的监督下进行了国内公开招标，宝钢集团上海宝产轻型房屋有限公司和中铁建工集团有限公司分别中标承建南极长城站和中山站的建设工程项目。2007 年 7 月 28 日，中国极地研究中心与中铁建工集团有限公司在上海签订了中山站建设项目施工合同；8 月 6 日，在上海举行了南极长城站建设项目施工合同签字仪式。① 到 2007 年 9 月底，南极长城站、中山站更新改造工程的准备工作已基本就绪，施工人员已经落实。根据更新改造方案，改造后的南极考察站将建成长城站亚南极生态环境动力实验室、中山站极区地球空间环境实验室、中山站雪冰与气候环境实验室以及两站新的气象站。通过更新改造全面提升了两站的科学考察、居住、工作、后勤保障、运输、安全、节能、环境保护、信息与通信能力。2007 年 12 月 22 日，中国极地考察"十五"能力建设项目中山站基础设施与设备更新改造工程举行奠基仪式。②

经过 2 年的持续努力，到 2009 年底，由宝钢集团上海

---

① 国家海洋局.2007 年度中国极地考察报告［Z］.北京：国家海洋局，2007：20.
② 国家海洋局.2008 年度中国极地考察报告［Z］.北京：国家海洋局，2008：13.

宝产轻型房屋有限公司承担的长城站基础设施与设备更新改造工程已全面竣工，并通过了国家海洋局组织的验收。科研楼、综合活动中心、锅炉房、废物处理楼、新污水处理楼、室外总体6项工程投入使用。2号楼、焚烧炉、旧污水处理楼按计划顺利拆除，储油系统正式投入使用；完成了生活楼采暖系统改造和老建筑物的除锈、油漆等工作。这些基础设施和设备的建设及使用标志着极地考察"十五"能力建设长城站项目基本建设工程全面完成。2009年12月3日至12月5日，极地考察"十五"能力建设长城站项目验收团对长城站更新改造项目进行了现场验收。

中山站更新改造项目总建筑面积3 858.58平方米，包括车库、综合库、综合楼、物理观测楼、污水处理楼、废物处理楼、甚小孔径终端（very small aperture terminal，VSAT）远程通信及卫星网络系统工程建设等。经过3年多的持续努力，到2010年，完成了车库、综合库、特殊观测楼、污水处理楼、废物处理楼、综合楼等建筑基础工程；综合楼的内部装修已基本完成；污水处理和废物处理楼已建设完成，并开始试运行；车库建设完成，并已投入使用；完成高空物理观测楼的建设及内部装修；高频雷达机房、天线阵、测高仪天线建设完成；油罐基础建设完成；气象卫星接收系统建设完成；VAST卫星网络系统建设完成并投入使用。① 中山站的

---

① 国家海洋局.2010年度中国极地考察报告［Z］.北京：国家海洋局，2010：104－105.

更新改造工程也顺利完成。

南极是地球上最后一块未被污染的净土，位于西南极乔治王岛的长城站和位于东南极拉斯曼丘陵的中山站，是我国在南极进行科学考察的"大本营"和"桥头堡"，在我国对这两个考察站进行历史上规模最大的更新改造过程中，节能与环保是贯穿始终的一条重要原则。据时任国家海洋局极地办党委书记魏文良介绍，根据设计规划，我国在长城站、中山站更新改造过程中综合采取提高建筑物自然采光效率、提高维护结构的保温性能、提高建筑的蓄热能力、合理选择采暖热源、通过规划缩短供暖管线长度、加强管线保温措施、采用节能型电气等节能措施，同时将考察队队员的度夏与越冬用房合理分区，冬季关闭部分用房，以节约能源。

为保护南极环境，我国在南极长城站和中山站制订了垃圾管理措施及溢油应急计划，建造了先进的污水处理系统，配备了垃圾焚烧炉，对于不可焚烧的固体垃圾和不可生物降解的垃圾，都将其带回国内处理。"雪龙"号在历次南极考察中，也都执行十分严格的环保规定，严禁向海洋倾倒或丢弃各种垃圾，一些垃圾在船上进行高温焚烧处理，可再生利用的垃圾全部回收带回国内，废旧空瓶经粉碎处理后，也都带回国内处理，体现了极地大国的自觉与担当。

三、"雪龙"号的更新改造

"雪龙"号的更新改造也是我国极地考察"十五"能

力建设项目的重点内容之一。自 1994 年服役以来，"雪龙"号作为我国唯一的极地科学考察破冰船，年年出征，为我国极地科考事业作出了巨大贡献。正因如此，"雪龙"号负荷量极大，亟须更新改造，以更好满足我国极地考察需要。在 2006 年国家发展和改革委员会批复之后，"雪龙"号的改造更新工作立即提上日程，希望通过船舶的重新布置和功能、材料、设备、系统的更新改造，使"雪龙"号的综合技术、经济性能指标得到全面提升。同时，加强它的运输和应急能力，使之跻身于目前国际极地科学考察破冰船中较为先进的行列，基本满足我国极地考察持续发展的需要。

2006 年 10 月 13 日，中国极地研究中心成立极地考察'十五'能力建设项目实施领导小组①，"雪龙"号更新改造成为 5 个实施工作组之一成立，由此"雪龙"号的更新改造工作有组织的展开。2006 年 10 月 31 日，确定由上海船舶研究设计院承担"雪龙"号更新改造的详细设计工作。2007 年 3 月 9 日，确定上海船厂船舶有限公司具体承担"雪龙"号更新改造工作。随后又确定上海双希海事发展有限公司为"雪龙"号更新改造项目施工监理。3 月 27 日，"雪龙"号靠泊上海船厂，在码头举行开工仪式，按计划开

---

① 中国极地研究中心.足迹：中国极地研究中心 20 年发展纪事［M］.北京：海洋出版社，2010：113.

始了为期180天的更新改造。① 据报道，"雪龙"号更新改
造项目是中国极地研究中心首次负责组织实施的大型船舶
改造项目，改造好"雪龙"号直接关系到中国第24次南极
考察和国际极地年中国行动计划的顺利进行，以及其未来
15~20年的使用运行。为确保"雪龙"号更新改造施工规
范、科学、高效开展，中国极地研究中心不仅在船厂派驻现
场监造工作组，配合、监督船厂施工，同时还根据国家海洋
局关于极地考察"十五"能力建设项目的管理要求，结合
"雪龙"号更新改造项目特点，制订了"雪龙"号改造现场
监造工作组工作实施计划，为船舶更新改造施工过程中监造
人员的各项工作顺利进行提供了指导依据。②

　　2007年，"雪龙"号的更新改造包括船体、轮机、电
气、科考改造4个部分。上层建筑6层中的5层将全部更
新，包括通信导航设备、内部装潢等；船上的实验室面积
将从原先的200平方米扩大到500平方米，并更新全部实
验室设备；船上的海洋科学考察设备也将进行升级换代，
机舱自动控制能力有较大提高；对船体的直升机平台，也
将完备主要起降技术保障系统。国家发展和改革委员会批
复"雪龙"号更新改造项目后，中国极地研究中心对"雪

① 国家海洋局.2007年度中国极地考察报告［Z］.北京：国家海洋局，2007：
71.
② 周豪杰.雪龙船升级改造工程顺利［EB/OL］.(2007 - 05 - 22)［2020 -
07 - 18］.https：//tech.sina.com.cn/d/2007-05-22/14311520916.shtml.

龙"号更新改造初步设计方案进行了消化和细化。对单项100万元以上的主要船用设备均进行了实地调研。为了确保不超概算且保证质量，设备选型按照"安全可靠，国产成熟产品优先，国外产品成熟、价廉优先，售后服务方便、经济优先"的4个原则进行。①

"雪龙"号于 2007 年 11 月完成了更新改造施工。11 月 6 日，"雪龙"号更新改造交船仪式在上海船厂船舶有限公司码头举行。② 2008 年 5 月，"雪龙"号更新改造收尾工程启动，进一步完善了"雪龙"号各项硬件设施，并在第 24 次南极考察和第 3 次北极科学考察期间经受住了考验。③ 2009 年 9 月 28 日，"雪龙"号更新改造工程通过了国家海洋局验收。

在完成"雪龙"号更新改造的同时，国家还积极考虑升级"雪龙"号船载装备，尤其是船载直升机。在此之前，我国"雪龙"号没有船载直升机。2008 年 12 月，中国极地研究中心与俄罗斯直升机公司签订了购买船载直升机Ka‐32A11BC 的合同。④ 这标志着我国真正开始拥有极地船载直升机装备。该直升机的购买，进一步加强和完善了

---

① 国家海洋局.2007 年度中国极地考察报告［Z］.北京：国家海洋局，2007：70‐71.
② 同上，第 11 页。
③ 国家海洋局.2008 年度中国极地考察报告［Z］.北京：国家海洋局，2008：83.
④ 国家海洋局.2009 年度中国极地考察报告［Z］.北京：国家海洋局，2009：78‐79.

"雪龙"号极区后勤保障条件，在今后的极区考察空中作业中发挥巨大的作用。2009 年 2 月 11 日，Ka－32A11BC 被空运至深圳机场。5 月 27 日，在中国民用航空局和中信通用航空有限责任公司的协助下，Ka－32A11BC 在深圳由俄罗斯直升机公司、中国机械进出口（集团）有限公司和中国极地研究中心三方完成最终技术验收和中国民用航空局要求的全部登记手续，具备飞行条件。2009 年 10 月 10 日，Ka－32A11BC "雪鹰"号加入极地考察队伍，入列仪式在"雪龙"号停机坪上举行。这是"雪龙"号船上第一架自有直升机，标志着我国极地考察始终租用直升机的时代画上了句号。①

四、极地考察国内基地建设

（一）基地建设过程

中国的极地事业是社会各界共同关注的国家行为。进入 21 世纪以来，极地考察组织管理体制日臻完善，通信指挥畅通无阻，物资供应充足，国内的极地考察码头、实验室、训练场地初具规模。② 中国极地考察国内基地（以下简称"国内基地"）建设项目是经国家批准立项的中国极地考察"十五"能力建设项目中的重点项目。项目建设单

---

① 国家海洋局. 2009 年度中国极地考察报告［Z］.北京：国家海洋局，2009：17.

② 国家海洋局极地考察办公室.中国·极地考察三十年［M］.北京：海洋出版社，2016：145.

位为中国极地研究中心。经过3年多的努力，中国极地研究中心已完成了该项目选址论证、选址和可行性研究报告等大量的前期工作。国内基地选址在上海市浦东新区五号沟地区，占用深水（−10米）岸线270米，占用土地超15平方千米。该地位于长江口南岸，距离上海市区22 000米，其东南方向即为长江入海口，西侧毗邻沪崇苏大通道约400米，东靠赵家沟入江河口，是一个理想的建港选址点。

"雪龙"号通常是每年11月前后赴南极，次年3、4月间回到国内，除有的年份会在7月前后赴北极科考之外，一年中的大部分时间都在国内码头停靠，进行补养，装载科考物资。长期以来，"雪龙"号没有专用码头，这不仅制约了对"雪龙"号的保养维修，而且对调配、储存、装载科考物资等均造成了不便。为此，在国家启动我国极地考察"十五"能力建设项目之际，中国极地研究所及时提出了建设极地科学考察船专用码头的建议。经过充分准备，2001年6月18日，中国极地研究所《关于"雪龙"号极地考察船码头建设立项的请示》报国家海洋局，"雪龙"号专属码头建设正式开始筹划运作。8月21日，国家海洋局批复，根据国务院批准的《我国"十五"极地考察能力建设总体方案》，国家已将极地考察国内基地建设项目列为重点基本建设项目。①

---

① 中国极地研究中心项目办公室.中国极地考察国内基地建设项目［J］.海洋开发与管理，2004（5）：67-69.

根据《中国极地考察"十五"能力建设项目建议书》的要求，国内基地确定了6项主要功能：极地考察专用码头功能；极地考察专用物资、特殊设备设施储运、试验、拼装功能；极地考察样品、样本储存分装展示功能；极地考察人员集结培训功能；极地科学普及和爱国主义宣传教育功能；极地科研和国际合作功能。这些功能将按"一次规划、分期实施"原则逐步建设实施。项目建设的预期目标是：为我国的极地事业提供安全可靠的后勤保障条件，提高极地科学研究能力和各项综合服务能力。

在国内基地确定的约15平方千米土地范围内，按4个区域进行具体规划和建设。一是港口与极地物资管理园区。在此园区内，主要是建设1座主码头、1座辅助码头以及一批仓库、堆场、大型房屋设备拼装场地等设施。二是训练科普园区。在此园区内，主要是建设极地博物（科普）馆、室外特殊训练场、模拟极地环境的综合训练馆、静态训练水池和动态训练场、极地车辆试验训练场等。三是科研实验区。在此园区内，主要是建设1座科研实验大楼，内含极地冰川、空间物理海洋、陨石等学科研究和相应的实验室及重点实验室等。建设1座国际交流学术活动楼，以开展广泛的极地区域合作、国际合作等。四是行政生活园区。在此园区内，主要是建设1座综合办公楼，专家及考察队队员公寓，以及各种生活辅助设施和市政配套设施等。

在"十五"期间，国内基地建设工程的规模和内容是：

考察船专用码头 1 座（250 米×25 米）；工作船码头 1 座（150 米×12 米）；引桥 1 座（391 米×12 米）；仓库 1 幢（约 5 000 平方米），内含特种车辆、服装、低温、冷藏、物资集散、船舶器材、极地器材以及保税库房等；基地管理楼（1 000 平方米），配套用房（1 000 平方米）以及道路、堆场（20 000 平方米）。预期国家总投资约 1.6 亿元。

2003 年 11 月 27 日，上海市城市规划管理局同意国内基地选址在浦东五号沟地区，占地面积约 15 平方千米，深水岸线 270 米，码头岸线 250 米。由中交第三航务工程勘探设计院和同济大学建筑设计院共同承担该项目的初步设计。该项目建成后的国内基地包括一座 2 万吨级的码头和相应的道路、堆场、仓库及基地管理楼等配套设施。该基地建成以后可以彻底解决"雪龙"号无家可归的困难，能够有效提高船舶归国后的科学管理和安全保障。

经过 2 年多的细致工作，2006 年 3 月 28 日，国内基地在上海外高桥奠基。[①] 国内基地码头建设是国内基地建设项目的第 1 期水工部分，主要码头长 250 米、宽 25 米，采用直径 0.8 米、长 49~51 米预应力高强度混凝土桩。引桥长 391 米、宽 12 米，分 5 个分段，引桥采用高桩梁板结构，上部结构采用现浇横梁，预应力空心面板、叠合面层结构。引堤长 59 米、宽 14.5 米，采用斜坡堤结构。2006 年 8 月

---

① 国家海洋局.2006 年度中国极地考察报告〔Z〕.北京：国家海洋局，2006：10-11.

18 日打下第 1 根桩；12 月完成引桥、码头桩基，浇注下横梁、纵梁；2007 年 3 月底完成工程的 80%；4 月底完成引桥、码头面层浇注进入养护期，引堤基本完成与引桥连接；5 月底除电缆沟盖板、护栏等零星工程进入收尾外，码头工程基本结束。7 月 9 日和 17 日，工程进行地方竣工预验收，一次通过验收，被评为优良工程，推荐为上海市"申港杯"参选项目；9 月 7 日，国内基地码头进行地方竣工验收，国内基地码头进入试运行。9 月 10 日，国家海洋局、国务院办公厅、财政部等有关领导视察国内基地。2008 年 7 月 8 日，作为中国极地考察"十五"能力建设项目的重要组成部分，国内基地码头工程正式通过验收。[①] 上海市交通运输和港口管理局组织各有关部门对码头工程进行了竣工验收，取得港口工程竣工验收证书，并获得上海港建设工程安全质量监督部门码头工程水运工程质量优良的评定。这是我国首个极地科学考察船专用码头。

在完成国内基地建设项目第 1 期工程的基础上，国内基地的仓库、堆场等建设也于 2009 年上半年开始启动。基地仓库等设施的建设，为极地考察物资的集结、管理和分配提供了充足、便利的空间。主要建设内容包括码头水工、道路堆场、变电站、水泵房、污水处理池、仓库、管理楼等。2009 年上半年，国内基地主要开展了 4 382 平方米的

---

① 国家海洋局. 2008 年度中国极地考察报告 [Z]. 北京：国家海洋局，2008：15.

仓库建设。该项目2009年1月完成施工招投标后，经国家海洋局批准，于3月份开工建设。9月28日，新建的2万吨级专用国内基地码头通过国家海洋局验收。2010年6月9日，国内基地附属仓库工程进行了交工验收。

（二）多方配合支持

国内基地建设项目是中国极地考察"十五"能力建设项目中的重点项目，2001年国家海洋局向国家发展和改革委员会上报了《中国极地考察"十五"能力建设项目建议书》，该建议书分析了20年来我国极地事业的现状和存在的主要问题，提出将极地考察能力建设作为"十五"期间及今后相当长时间内极地工作的主要规划方向和建设内容。在"十五"期间，具体的建设项目有4个：建设北极黄河站，南极两站基础设施与设备更新改造，"雪龙"号更新改造，国内基地建设。这些项目基本满足了当前极地考察的整体需求，作为能力建设主要内容，投资规模约6亿元。这些项目从内容到规模的确立和确定，都是由国家海洋局领导层科学决策的。在这4个项目中，国内基地建设又是一个拓展职能、体现发展的重点项目，意义十分重大，也是国家海洋局建局以来最大的基本建设项目。为加强对国内基地建设项目的组织领导，局领导不仅担任了项目领导小组组长，还担任了项目工作小组组长，并多次深入国内基地选址现场进行考察指导，这一切也充分表明局领导对国内基地建设项目的高度重视。

国内基地建设项目选址在上海，上海作为发展中的国际大都市，其自身的资源条件并非十分优越。尤其是随着浦江两岸功能调整，原来浦江两岸单位大量外迁，对深水岸线需求大增。按 2002 年不完全统计，上海现有深水岸线能够满足当前需求的不足 1/7。国内基地建设项目需要的深水岸线和土地，对于上海市来说前者是不可再生，后者是寸土寸金，都十分宝贵。但是为了极地事业发展需要，为了国家批准的建设项目在上海落地建成，国家发展和改革委员会委托的中国国际工程咨询有限公司有关的资深专家极力推荐国内基地建设项目在浦东五号沟选址。在上海市发展计划委员会、上海市城市规划管理局召开的政府有关部门选址协调会上，各有关政府职能部门也都一致推荐项目选址五号沟地区，尤其是国家海洋局领导亲自与上海市领导沟通，上海市人民政府几位领导都对国内基地建设项目选址工作作出重要批示，使国内基地选址工作在国家批准立项的同时和项目可行性报告审批之前，先行开展和落实。2003 年 11 月，上海市城市规划管理局就国内基地选址规划作出正式批复，同意项目选址五号沟，使用深水岸线 270 米、占地约 15 平方千米。这一切充分说明国内基地选址工作得到了上海市人民政府的强有力支持。

在上海建设以"雪龙"号专用码头为核心的国内基地建设项目，是中国极地研究中心历届领导和广大极地工作者的共同心愿。1999 年 4 月，国家海洋局决定"雪龙"号归中国极地研究所管理，这一"船所合一"新的管理体制为极地事业新的发展拓展了空间，但也给中国极地研究中心的发展提出了新的问题。此后，"雪龙"号执行了中国首次北极科学考察、第 2 次北极科学考察、中国第 16 次、第 18 次、第 19 次南极考察，却始终没有一个固定的国内基地，没有一个固定的靠泊码头。每年从极地返沪以后，频繁地变换码头，还常常发生涉及安全的险情。有人比喻说："远航归来的'雪龙'号好像一个流浪儿，没有一个'家'。"所以，中国极地研究中心领导十分希望在上海给"雪龙"号安个"家"。在进行充分调研、专家咨询、初步论证的基础上，中国极地研究中心 2000 年 6 月向国家海洋局上报了《建设我国极地考察船、站国内基地建设项目建议书》。2001 年国家海洋局批复，同意中国极地研究中心就"雪龙"号码头建设项目开展前期工作。为使国内基地建设项目列入上海市城市和港口发展规划，借浦江两岸码头功能重大调整之机，中国极地研究中心领导和有关职能部门不失时机地向上海市人民政府职能部门做了大量的工作，广泛宣传极地事业是国家事业，国内基地建设项目是国家项目，为实现极地事业的国家目标，"十五"期间的建设项目已经得到党和国家领导人的高度重视和支持，因此也期望得到上海市人民政府领导和职能部门的充分理解与支持。在此基础上，中国极地研究中心克服了各种困难，积极开展国内基地建设项目大量前期工作，如组成工作班子，成立项目办公室，聘请资深专家编写该项目发展规划，反复对比水域和陆域选址方案的专家咨询结果，以及开展涉及项目的大量调研工作，使整个国内基地建设项目各项工作得以有序推进。

（三）基地展望

国内基地建设项目是国家项目，得到了国家海洋局领导的高度重视和上海市人民政府的有力支持。按照总体规划要求，后续还将有新的投资和新的建设项目，中国极地考察国内基地必将迎来更加美好的未来。

中国极地考察船专用码头的建设不仅为"雪龙"号安了一个"家"，还能充分满足今后 10～15 年中国新一代极地考察船对专用码头的需求。极地事业的后勤支撑服务等国际合作历来是十分广泛的。二十多年来，中国极地考察船为极地事业的后勤国际合作作过许多贡献，但由于没有自己的专用码头，许多想做能做的合作项目却不能实施。建成后的专用码头，作为向世界开放的、实行现代化管理的专用码头，可以欢迎各国极地考察船莅临访问，为极地事务的国际合作作出新的贡献。经国家海洋局批准的国内基地总体规划，从功能配置到园区划分，充分体现了国家极地事业的需求和国家海洋局领导提出的建设国际一流研究中心的基本要求。

列入规划的科研实验大楼和国际交流学术活动楼，建筑规模在 10 000 平方米左右，可以充分满足现行各学科以及即将建设的重点实验室对基础设施的需求，也可以充分满足极地国际合作、国际交流对基础设施的需求。

在高起点上建设的极地环境综合训练馆，可以模拟极地生态环境（低温、人造雪、低气压、狂风、极光、声响等）使极地考察队队员接受生理、心理等综合训练，感受极地恶劣环境，各类训练场馆的规模也约在 10 000 平方米。极地博物（科普）馆建设规模约在 6 000 平方米，这是国家唯一的极地考察专用博物（科普）馆，它将通过充分展示极地地理模型，动物标本，知识图片，国内、外极地考察历史图片、声音影像资料等，形成具有特色的极地科学普及和爱国主义宣传教育基地。

基地配置的其他功能还包括综合办公楼、专家及考察队队员公寓、生活辅助设施等，建设面积也约在 10 000 平方米，而配置的绿化面积约为 60 000 平方米，约占国内基地总面积的40%。

整个国内基地是极地事业安全可靠的保障基地，是极地科研和综合服务的大平台，并将逐步形成一个极具特色的极地公园。这将为国际大都市上海增添新景观、新亮点，为我国极地事业的发展作出新贡献。

第四节

南北极考察并行发展，
极地科学研究取得新突破

10 年来，中国极地工作者们尊重科学规律，发扬务实作风，确保了航行、建站、大洋和极地科考的安全与高效。在极地考察与科学研究方面取得了一批具有重要价值的突破。

一、极地科学考察与科学研究

（一）极地科学考察

南极科学考察在南极雪冰环境研究、普里兹湾—格罗夫山大地构造演化研究、格罗夫山的古气候环境研究、冰穹 A 的天文观测与研究和极区等离子体云的形成过程与机制研究等领域均获得国际一流科学成果。[1] 在第 22 次南极

---

[1] 国家海洋局极地考察办公室. 中国·极地考察三十年 [M]. 北京：海洋出版社，2016：65.

考察度夏期间，考察队按计划全部完成了各项科考项目和后勤保障工作。其中，在对格罗夫山进行的第4次综合考察中，考察范围覆盖广泛，包括陨石搜集、地质考察、冰盖测绘、星地遥感等。历经4次格罗夫山陨石回收，目前我国拥有南极陨石9834块，总数位居世界第3位。在2005年12月24日至2006年2月19日执行的南极格罗夫山综合考察中，共搜集陨石5354块；开展了测绘、遥感和地质等多方面调查工作，获取了大量宝贵的第一手资料。2006年2月19日上午9时（北京时间），格罗夫山内陆冰盖考察队顺利返回中山站。[①] 同时，极地科学考察的发现推动了相关研究中心的成立。2006年4月19日，中国南极陨石专家委员会第3次会议在北京召开。会议研究了有关成立南极陨石联合研究中心等事宜。[②]

在南极科学考察如火如荼进行之时，北极的科学考察工作也取得不小的进展。中国北极黄河站自2004年建成以来，我国科研人员已经开展了大量的观测、监测和研究工作，内容涉及地质学、气象学、高空大气物理学、生物生态学、海洋生物学、环境学、物理海洋学、冰川学和火地测量学等多个学科。[③] 2010年8月20日，中国第4次北极

① 国家海洋局.2006年度中国极地考察报告［Z］.北京：国家海洋局，2006：9.

② 同上，第11页。

③ 国家海洋局极地考察办公室.中国·极地考察三十年［M］.北京：海洋出版社，2016：92.

科学考察队领队吴军、首席科学家余兴光率领 14 名考察队队员登临北极极点，这是中国北极科学考察队首次依靠自己的能力到达北极极点并开展科学考察工作，实现了我国北极考察历史性的突破。同日，执行中国第 4 次北极科学考察任务的"雪龙"号到达北纬 88°26′，创造了中国航海史上的新纪录。① 北极科学考察研究主要围绕海洋环境变化和海-冰-气系统变化过程的关键要素考察、极区海洋环境快速变化的地质记录及其对我国气候的影响、北极及亚北极海域生态系统学考察、北极海冰快速融化下北冰洋碳通量和地球雪水循环等重点学科展开工作，取得了阶段性进展。

（二）极地科学研究

进入 21 世纪以来，中国科学家在极地冰川学、海洋学、地质学、生物生态学、大气科学、日地物理学等领域积累了大量观测数据，建立了极地科学数据和标本样品的共享平台，获得了一些重要的科学新发现，取得了一批高水平的科研成果，为人类认知极地作出了积极贡献。

（1）在东南极内陆冰盖考察方面取得了重大突破。自 1996 年起，中国实施了 6 次内陆冰盖考察，2005 年和 2008 年成功开展了南极内陆冰盖最高点——冰穹 A 多学科综合

---

① 国家海洋局.2010 年度中国极地考察报告 [Z].北京：国家海洋局，2010：13.

考察，建立了中山站，拥有冰穹 A 完整的冰川学、气象学观测断面，首次在冰穹 A 钻取超过 100 米的冰芯，获得了区域性的千年尺度气候变化记录资料。

（2）取得了开辟亚南极生态学新领域的原创性。中国科学家首先采用地质学和生态学等多学科交叉的研究方法，在含动物粪的沉积层中创造性地恢复了过去 3 000 年来南极企鹅种群数量的变化规律及其与气候变化的关系，相关研究成果发表在 *Nature* 杂志上。在后来的研究中，又利用沉积层中海豹毛发数量的变化恢复历史时期海豹数量，探索极地生态群落历史变迁和环境变化的关系。

（3）建立了具有国际先进水平的南、北极极隙区高空大气物理共轭观测系统。中国科学家在南极中山站和北极黄河站建立了一个极隙区高空大气物理共轭观测系统，发现并证明磁地方时正午附近存在一个极光发生的高峰，初步揭示了极隙区地磁、极光、电离层吸收和临界频率变化等电离层踪迹。

（4）东南极地质学和古环境研究取得新发现。中国科学家率先查明东南极拉斯曼丘陵及邻区主要早期变质、变形的时代和东南极泛非期构造热事件的含义，揭示了上新世以来及末次冰盛期前后冰盖进退和古气候演化过程，提出东南极冰盖形成以后曾经发生过大规模退缩事件。

（5）发现了大型南极陨石富集区。中国科学家四度赴格罗夫山开展地质考察，获取了 9 834 块陨石，目前已鉴定的1 000块陨石中有已确定的2块火星陨石和灶神星陨石等一批珍贵样品。

（6）在南大洋海洋学研究方面取得了新进展，揭示了埃默里冰架前缘海水交换方式。第一次提出了利用大磷虾复眼晶锥数目和复眼直径作为鉴别大磷虾的生长指标，提出了鉴定大磷虾自然种群负生长的有效方法。两次开展埃默里冰架运动和物质平衡、冰架采样、海洋学等观测，揭示了埃默里冰架前缘海水交换方式，发现了冰架前缘和冰架下存在着较强的底层流。

（7）发展了北冰洋海洋学观测新技术。中国科学家研制了极区水文气象卫星跟踪浮标、水下机器人、海洋潜标、海冰精细观测等新技术并应用于海洋观测，获取了重要科学数据。

（8）获得了一些北极气候变化的科学新发现和新成果。中国科学家发现了位于北冰洋大西洋扇区的北极涛动核心区；揭示了北太平洋海冰变化与西伯利亚变暖现象及东亚冬季气候变化的可预测性；改进了现有冰-海耦合气候模式；重建了白令海千年尺度的气候变化历史，证实了冰期亚北极太平洋中层水产生于白令海。

（9）建立了极地环境监测体系，开展全球变化长期观测。以南极长城站、中山站、北极黄河站和"雪龙"号为观测平台，建立了极地环境监测体系，开展了大气、海洋、冰川、地球物理、空间环境等长期观测，获取了全球变化连续观测数据，建立了极地科学数据和标本样品的共享平台。①

二、资金与基础建设支持

随着极地科学研究方面的深入，国家也投入了更多的资金与基础建设支持。2005年12月，中国极地科学战略研究基金在北京正式设立。该基金全部来源于国内单位和个人的捐款。其主要资助方向是围绕国家极地发展战略目标所开展的国家极地中长期发展战略、科学考察和工程技术重大项目、极地环境管理和国际合作等方面的预研究。② 2005年12月14日，科技部批准"南极中山雪冰和空间特殊环境与灾害国家野外科学观测研究站"列入36个国家野外科学观测研究站序列，南极中山站成为国家研究试验基地的组成部分，是国家科技基础条件平台建设的重要内容。③ 2006年11月15日，科技部下达了《关于发布国家野外科学观测研究站（试点站）评估认证结果的通知》，南极长城极地生态国家野外科学观测研究站正式纳入国家野外科学观测研究站序列进行管理。2009年6月11日，国务院办公厅副秘书长张勇主持召开了关于添置极地科学考

① 陈连增. 中国极地科学考察回顾与展望［J］. 中国科学基金，2008（4）：199－203，247.
② 国家海洋局. 2006年度中国极地考察报告［Z］. 北京：国家海洋局，2006：8.
③ 同上。

察破冰船专项会议，国家发展和改革委员会、财政部、工业和信息化部与国家海洋局的代表参加了会议。会议原则同意新建我国极地科学考察破冰船的建议，明确了"联合设计，国内建造"的原则。6月22日，国务院领导同志批准新船建造建议。

三、学术研究与国际交流

中国南极科学研究在国际科学刊物发表论文的数量和质量上也获得突破，并逐步走向世界舞台。2002年12月，《极地研究》被中国核心期刊（遴选数据库）收录，全文入网"万方数据库——数字化期刊群"，执行期一年。[①] 2009年6月4日，中国极地研究中心孙波研究员题为《甘布尔采夫山脉，南极冰盖起源与早期演化》的论文在国际科学著名刊物 *Nature* 上发表。[②] 此前，中国学者已在 *Nature* 上发表多篇极地研究论文。

中国作为一个负责任的大国，始终遵循为人类和平利用南极作出贡献的指导方针，坚持科学技术创新，探索极地奥秘，认知全球变化；坚持人类共同责任，开展国际合作，保护极地环境；坚持人类和平目的，管理极地事务，利用极地资源。极地考察是一项国际事业，离不开国家之

---

① 中国极地研究中心.足迹：中国极地研究中心20年发展纪事［M］.北京：海洋出版社，2009：72.

② 国家海洋局.2009年度中国极地考察报告［Z］.北京：国家海洋局，2009：16.

间的合作与交流。中国参加了南极条约协商会议、IASC 会议等极地国际会议和条约，扎实开展双边与多边的极地合作与交流，同时积极实施国际人道主义救援和帮助。2008年6月，第 31 届南极条约协商会议和第 11 届南极环境保护委员会会议在乌克兰基辅举行。由我国外交部、国家海洋局和我国驻乌克兰大使馆人员组成的中国代表团出席会议。会议通过了《中国南极冰穹 A 站建设与运行全面环境影响评估报告草案》。我国提出的"南极格罗夫山哈丁山特别保护区"及与澳大利亚联合提交的"南极阿曼德湾帝企鹅特别保护区"在此次会议上也顺利通过审议。中国在国际极地事务中逐渐掌握更多的话语权，发挥更加重要的作用。

2009 年 10 月 10 日，中国极地研究中心隆重举行成立20 周年庆典活动。国家海洋局副局长陈连增、上海市人民政府副秘书长尹弘、挪威王国驻上海总领事馆总领事诺和平以及中国科学院院士孙枢、刘振兴、汪品先，中国工程院院士张炳炎等中央机关、当地政府部门、国外驻沪领馆、国内知名科研院所、社会各界嘉宾和即将启程的中国第 26次南极考察队队员代表参加了此次庆典活动，并参观中国极地研究中心成立 20 周年回顾展和极地科普馆。2009 年11 月 20 日，纪念中国极地考察 25 周年座谈会在北京召开。中共中央政治局常委、国务院副总理李克强对极地考察工作提出要求。原国务委员宋健为座谈会发来贺信。国土资源部部长、党组书记、国家土地总督察徐绍史出席座谈会并致辞，国家海洋局局长孙志辉就我国极地事业 25 周年来的发展做了主旨发言。[①] 进入 21 世纪以来，中国极地科学考察与科学研究事业保持着良好的发展态势，展示了日益增强的中国综合国力，提高了中国的国际地位和声誉，极大振奋了中华民族精神，留下了许多经验和激励。在国际极地考察迅猛发展的大形势下，在爱国、拼搏、求实、创新的南极精神的鼓舞下，中国的极地科学研究和能力建设水平必将获得更进一步提高，在人类探索南、北极的历史上书写下中国极地考察的新篇章。

---

① 国家海洋局.2009 年度中国极地考察报告 [Z].北京：国家海洋局，2009：18.

第五章

雪龙探极：
迈向极地事业强国的新征途

进入"十二五"时期，我国极地事业发展再上新台阶。特别是党的十八大以来，在以习近平同志为核心的党中央坚强领导下，在建设海洋强国国家战略的指引下，中国正朝着极地事业强国大步迈进。自主建造的"雪龙2"号十年磨一剑，2019年顺利交付使用，与"雪龙"号组成中国极地考察船队，"双龙探极"圆满成功，为推动我国极地考察事业迈上新台阶发挥重要作用。"十二五"极地考察专项——南北极环境综合考察与评估专项圆满完成，取得丰硕科研成果。中国南极泰山站顺利建成，中国南极内陆考察站空间布局更趋合理。"十三五"规划顺利实施，"雪龙探极"重大工程启动实施，迈向极地事业强国新征途正式开启。

第一节

十年磨一剑铸大国重器：
"雪龙2"号破冰船的诞生与首航

　　"雪龙"号破冰船是1993年从乌克兰购入的，经过数次改装，连年出征，为我国南、北极考察事业作出了巨大贡献，立下了汗马功劳。然而，随着我国极地事业的深入发展，一艘船同时应付南、北极考察并连年征战的局面越来越窘迫，添置新的高性能的破冰船势在必行。进入21世纪以来，添置新破冰船的呼声渐浓，并进入国家决策。

一、新建破冰船的立项

　　新建破冰船项目起步于2008年底，旨在"十二五"规划期间建成我国第一艘破冰船，与现有的"雪龙"号组成我国极地考察船队，从而改变目前一艘破冰船独立承担南、北极考察任务的不利现状，从根本上解决因硬件不足而无法满足日益增长的两极战略需要这一瓶颈问题。2009年6月11日，国务院办公厅副秘书长张勇主持召开了关于添置极地科学考察破冰船专项会议。会议原则同意新建破冰船的建议，同意启动新建破冰船项目立项程序，明确了"联合设计，国内建造"的原则。① 国务院领导同志旋即于6月22日批准新船建造建议。② 建造新破冰船正式进入国家议程。2009年11月，国家海洋局成立了由工业和信息化部、中国船级社等部门参加的新建破冰船项目领导小组，全面领导相关工作。项目领导小组下设项目领导小组办公室，作为办事机构具体组织、落实立项申请、联合设计及国内建造等各项工作。③

　　国家决定"联合设计，国内建造"中国自己的破冰船后，国家海洋局深入调研，多方了解世界其他国家已建或新建破冰船情况，以为参考。2009年6月10日至12日，韩国第16届极地科学国际研讨会在韩国极地研究所召开。研讨会的议题之一是庆祝韩国破冰船"Araon"号建成，并探讨以此为平台的国际合作。国家海洋局组成的代表团一行5人出席了会议。会后，代表团参观了位于韩国釜山的韩国新破冰船"Araon"号，详细了解了该船的结构、性能

---

① 国家海洋局.2009年度中国极地考察报告［Z］.北京：国家海洋局，2009：16.
② 同上。
③ 国家海洋局.2011年度中国极地考察报告［Z］.北京：国家海洋局，2011：122.

和建造过程，为我国建造新破冰船积累了经验。① 同年7月13日至17日，极地办和中国极地研究中心组成的代表团应邀参加了瑞典"Oden"号破冰船北极试航。② 此次试航主要测试多光谱设施和其他一些技术仪器。我国代表团了解了该船的北极航行情况，并探讨了开展未来合作的可能。在此期间，7月11日和20日，代表团分别访问了挪威罗尔斯·罗伊斯公司、芬兰阿克北极技术有限公司等与建造船舶有关的单位，考察了北欧国家破冰船的建造情况，为我建造破冰船收集了大量宝贵的资料，并与各公司讨论了合作的前景。

2011年5月12日至21日，极地办组团前往德国、芬兰，对两国的破冰船使用单位、设计单位及主要设备厂家进行了实地考察和调研。通过广泛、深入的考察和调研，对当前破冰船设计、设备和使用等方面的最新动态有了进一步了解，获取了破冰船船型设计、破冰动力配置方式、科学调查功能安排等的最新技术和设计理念，建立了进一步交流信息资料与沟通合作意向的渠道。③ 2011年9月19日至23日，国家海洋局新建破冰船项目领导小组对韩国极地研究所"Araon"号破冰船进行了实地考察，从该船设

---

① 国家海洋局.2009年度中国极地考察报告［Z］.北京：国家海洋局，2009：86.

② 同上，第94页。

③ 国家海洋局.2011年度中国极地考察报告［Z］.北京：国家海洋局，2011：115.

计、建造、主要设备选型与布置、使用以及管理等方面进行了全方位、多层次的交流，代表团登船考察了驾驶舱、各实验室和直升机机库等，听取了船长和其他管理人员的详细介绍，并交流了破冰船建造方面的相关信息。[①] 代表团还访问了韩国极地研究所，听取了韩国极地研究所对"Araon"号破冰船项目流程中的成功、不足以及遇到的困难等方面的情况介绍。

经过 2 年多的充分调研和准备，2011 年 7 月 7 日，新建破冰船项目已正式获得国务院、国家发展和改革委员会立项批准（发改投资〔2011〕1414 号）。[②] 新建破冰船预计要达到的设计目标是集成现代化的造船技术和航海技术，轻载排水量 8 000 吨级，续航力 20 000 海里，自持力 60 天，满足无限航区和南、北两极海域要求，成为具有全球航行能力的"绿色"破冰船。新建破冰船采用最优船型设计，破冰能力满足在两极水域混有陈冰的次年海冰中周年作业，破冰厚度不低于（1.5±0.2）米雪，连续破冰速度 2~3 节。新建破冰船采用国际先进的电力推进系统，配备主动式减摇系统，装备 DP-2 级动力定位系统；采取相应的减振降噪措施，满足现代海洋探测设施和声学探测要求；保证较高的船舶建造和使用的性价比。新建破冰船具备在全球各大洋区进行大范围水深的海洋水文、物理、地质、生物、化学、声学、大气等综合要素的立体、实时、同步探测、分析和处理能力，以及海基数据系统集成和信息传输能力。新建破冰船具备考察数据采集、样品的保真取样和现场分析能力以及与陆基实验室的联合处理能力，具有装备无人缆控深潜器、无人遥控深潜器和水下探测系统的支撑平台，以满足环境、海洋地球物理、海洋生态综合调查的需求，同时具备一定的考察站后勤物资运输能力。

新建破冰船正式立项后，下一步核心工作就是通过国际公开招标的方式，择优选择具有丰富的破冰船设计经验、具备良好资质和业绩的国际知名设计公司来完成项目基本设计。[①]

二、新建破冰船的设计与建造

根据国务院确定的"联合设计、国内建造"原则，国家海洋局组织开展了新建破冰船基本设计的国际招标工作。2011 年 10 月 17 日，国家海洋局委托国信招标集团有限公司面向国际范围发布了招标公告，启动新建破冰船项目基本设计国际招标工作。招标活动严格按照招投标法组织，经国内、外专家评审，最终选定芬兰阿克北极技术有限公司为新建破冰船项目基本设计中标单位。招标完成后，中国和芬兰双方有关单位通过 4 轮 3 个半月的谈判，于 2012 年 7 月 31 日签署了新建破冰船项目基本设计合同。国家海洋局、芬兰驻华大使馆、工业和信息化部、中国船级社等有关部门领导出席仪式见证合同签署。①

根据与芬兰阿克北极技术有限公司签订的基本设计合同，基本设计的具体工作包含扩充概念设计和基本设计两个阶段。2012 年 8 月 1 日进入设计阶段后，芬兰阿克北极技术有限公司在合同约定的时间内完成了扩充概念设计，并在 9 月上旬通过了我方组织的概念设计专家评审和相关图纸审查。2012 年 8 月 19 日至 8 月 27 日，新建破冰船项目基本设计技术交底和设备调研工作团赴芬兰、德国进行了技术交流和考察。工作团与芬兰阿克北极技术有限公司进行了基本设计技术交底工作；对推进设备的主要潜在供应商罗尔斯·罗伊斯集团海事公司、斯蒂尔普洛普有限公司和 ABB 集团海事公司，以及船底安装的多波束等大型声学设备主要潜在供应商 L3 通信集团 Elac 公司和康斯伯格集团海事公司进行了现场考察与技术交流；与科学调查绞车系统设备主要潜在供应商罗尔斯·罗伊斯集团奥迪姆公司进行了技术交流。②

新建破冰船项目的详细设计招标工作也于 2012 年 8 月

---

① 国家海洋局. 2012 年度中国极地考察报告 [Z]. 北京：国家海洋局，2012：14.
② 同上，第 96 页。

进行，经评标专家评审，中国船舶工业集团有限公司第七〇八研究所为详细设计中标单位，项目详细设计合同于2012年10月22日在北京签署。[①] 至此，新建破冰船项目设计单位全部确定。该船设计满载排水量约15 000吨，船长122.5米，破冰厚度不低于（1.5±0.2）米雪。

为了弥补我国在破冰船设计建造规范上的空白，经国家海洋局批准，项目有关单位于2011年8月正式确定中国船级社和英国劳氏船级社为项目设计建造阶段的入级船级社，新建破冰船项目采用双船级社共同审查。[②] 国内、外设计单位和船级社的确定，标志着国务院"联合设计"的原则得到落实。

根据国家基本建设项目程序要求，在扩充概念设计方案和试验数据的基础上，2012年10月，新建破冰船项目可行性研究报告编制工作正式开展。经过专家评审和论证，逐渐完善报告内容，并重点对船舶技术参数和进口设备关税及增值税等事宜进行了相应的调整与说明。2013年9月，国家海洋局向国家发展和改革委员会正式提交了项目可行性研究报告。[③] 其间，极地办完成了项目扩充概念设计图纸审核和该船骑冰稳性、冰破稳性以及港口发电机组等关键

---

① 国家海洋局. 2012年度中国极地考察报告［Z］. 北京：国家海洋局，2012：106.
② 同上。
③ 国家海洋局. 2013年度中国极地考察报告［Z］. 北京：国家海洋局，2013：9.

问题的交流工作，为后续基本设计工作的开展奠定了良好基础。与此同时，2012年10月28日至11月2日，我方派员赴芬兰开展了冰池模型试验验收工作，通过验证了新船在冰区作业时的各项试验技术指标；同年12月，我方人员又赴美国、加拿大调研了破冰船涉及的关键设施设备。①

2013年10月至2014年9月，新建破冰船项目完成了国家发展和改革委员会评审中心组织的可行性研究报告评审工作。10月，根据国家发展和改革委员会评审中心形成的项目可行性研究报告初审意见，国家海洋局新建破冰船项目领导小组办公室（以下简称"新船项目办"）向其提供了项目可行性研究报告评审补充材料。12月，国家发展和改革委员会评审中心在北京组织召开了新建破冰船项目可行性研究报告评审会议。会后，新船项目办向国家发展和改革委员会评审中心提交了《极地科学考察破冰船项目可行性研究报告评审会质询答疑补充文件》。②

其间，新船项目办组织相关单位主要针对芬兰阿克北极技术有限公司提交的项目基本设计总布置图（A－F版）以及第一批送审图纸进行了审核完善，开展11项关键设备招标准备工作；系统开展项目规章制度建设和国内外技术交流；组织开展项目初步设计前期工作；启动并开展工业

---

① 国家海洋局. 2013年度中国极地考察报告［Z］.北京：国家海洋局，2013：102.
② 国家海洋局. 2014年度中国极地考察报告［Z］.北京：国家海洋局，2014：115.

和信息化部极地自破冰科学考察船基本设计关键技术研究课题相关工作。① 与此同时，2013 年 10 月 19 日至 25 日，极地办派员参加了在南非开普敦召开的破冰船讨论会，介绍我国新建破冰船项目情况，了解其他国家破冰船使用现状以及新建破冰船项目进展情况，并同与会国家代表就船舶设计、科考设备、船舶建造、船舶运行管理等内容进行了深入交流。2014 年 2 月 10 日，新船项目办在北京召开中国、韩国新建破冰船研讨会。② 鉴于韩国正在计划建造第二艘破冰船，双方就新建破冰船的相关情况和经验进行了交流。

2015 年 3 月 18 日，新建破冰船项目通过了中国国际工程咨询有限公司组织的项目节能评估。6 月，国家海洋局新船项目办向国家发展和改革委员会汇报了项目进展总体情况。7 月，项目领导小组第 9 次会议审议原则通过了项目初步设计报告和关键设备招标文件。8 月，项目初步设计报告报送国家海洋局审核。9 月，项目关键设备招标文件上报国家海洋局审核。其间，新船项目办组织相关单位根据《关于调整重大技术装备进口税收政策的通知》等有关文件精神，积极探索落实项目免税工作；审核芬兰阿克北极技术有限公司第一批基本设计图纸；配合审计署审计新

① 国家海洋局.2014 年度中国极地考察报告［Z］.北京：国家海洋局，2014：115.
② 同上。

建破冰船项目；开展工业和信息化部极地自破冰科学考察船基本设计关键技术研究课题相关工作；完善内部制度建设，完成《极地科学考察破冰船项目实施工作手册》、极地科学考察破冰船船舶监造大纲、船舶监造工作业务手册和极地科学考察破冰船项目监造等材料编制工作。①

2016 年 12 月 20 日，新建破冰船在江南造船（集团）有限责任公司举行开工点火仪式，我国第一艘自行建造的破冰船正式进入建造阶段。

2017 年 9 月 26 日，新建破冰船开始连续建造。新建破冰船被分解为 114 个分段分别进行建造，然后合成 11 个大分段，最终合拢拼装。为了最大限度地提高效率，项目采用资源管理系统，对项目预算、采购程序、合同管理、经费使用等进行全方位管控，特别是采用计算机建模方式，先根据基本设计图纸完成全船建模，然后根据详细设计进行修改，尽量提前解决连续建造阶段可能遇到的各种工艺问题，减少浪费和返工，使建造速度大大加快。②

三、"双龙探极"新时代的开启

2018 年 9 月 10 日，新建破冰船在上海下水。《人民日报》报道"我国第一艘自主建造的极地科学考察破冰船在

---

① 国家海洋局.2015 年度中国极地考察报告［Z］.北京：国家海洋局，2015：68.
② 陈瑜.我国自主建造首艘破冰船名叫"雪龙 2"［N］.科技日报，2017 - 09 - 27（1）.

上海下水，并正式命名为‘雪龙2’号，标志着我国极地考察现场保障和支撑能力取得新的突破。‘雪龙2’号建造工程由自然资源部所属的中国极地研究中心组织实施，中国船舶工业集团有限公司第七〇八研究所设计、江南造船（集团）有限责任公司承担建造。设计船长122.5米，船宽22.3米，吃水7.85米，吃水排水量约13 990吨，航速12~15节，续航力20 000海里，自持力60天，载员90人，能以2~3节的航速在冰厚（1.5±0.2）米雪的环境中连续破冰航行。‘雪龙2’号船是一艘满足无限航区要求、具备全球航行能力，能够在极区大洋安全航行的具备国际先进水平的极地科学考察破冰船。该船可实现极区原地360°自由转动，并可突破极区20米当年冰冰脊，船舶机动能力大幅提升。”①

　　2019年5月24日，“雪龙2”号完成倾斜试验。经测定，本船重心和稳性满足设计要求。2019年5月31日，“雪龙2”号破冰船按照原定的建造计划，开启船舶航行试验。船舶航行试验又称为试航，是船舶建造中最关键的一个节点。本次“雪龙2”号试航主要航行范围为东海海域。其间，“雪龙2”号项目组根据《极地科学考察破冰船航行试验大纲》，针对全船46个系统，约200台（套）的设备开展全面的功能性试验。其中电力推进系统、动力

---

① 刘诗平.首艘“中国造”极地破冰船下水［N］.人民日报，2018－09－11（4）.

定位系统、振动噪声、水下辐射噪声和智能系统等 8 个项目是破冰船不同于一般船舶的核心项目。"雪龙 2"号（见图 5-1）历经 16 天东海航行试验，按计划顺利完成各项船舶性能、系统和设备功能测试后，于 2019 年 6 月 15 日返回上海。

图 5-1 "雪龙 2"号破冰船

"雪龙 2"号隶属于自然资源部中国极地研究中心，由江南造船（集团）有限责任公司建造，中国船舶工业集团有限公司第七〇八研究所和芬兰阿克北极技术有限公司联合设计。"雪龙 2"号结构强度满足 PC3 要求，具备双向破冰和全球航行能力，能满足无限航区要求，在极区大洋安全航行。同时，该船也是全球首艘获得智能船舶入级符号的破冰船，其入级符号包括了智能船体和智能机舱功能标志。"雪龙2"号具备的科考与破冰能力，使其跻身世界最先进的极地科考船之列。该船融合了国际新一代考察船的技术、功能需求和绿色环保理念，采用国际先进的艏艉双向破冰船型设计，具备全回转电力推进功能和冲撞破冰能力，能以 2~3 节的航速在冰厚（1.5±0.2）米雪的条件下连续破冰航行，并可实现极区原地360°自由转动。"雪龙2"号装备有国际先进的海洋调查和观测设备，能实现科考系统的高度集成和自洽，可在极地冰区海洋开展物理海洋、海洋化学、生物多样性调查等科学考察，进而成为我国开展极地海洋环境调查和科学研究的重要基础平台。

根据中国极地研究中心船舶管理处的公开资料，试航测试数据表明该船设计和建造非常成功，其安全性、操纵性和环境舒适性全面达到并优于建设目标要求，船舶主要性能指标均达到国际先进水平，主要表现在以下几个方面。

（一）空船重量、重心和浮态得到有效控制，凸显安全性和续航力

有效控制船舶空船重量、重心是保证船舶安全性能的重要措施。本船从设计到建造全过程严格进行重量控制，经实船验证，重量与重心位置比初设预估状态更好，充分体现了设计预估的准确性以及在建造过程中对设备、钢板公差、电缆托架、阻尼敷料、管系、铁舾件、舱室内装等重量和重心严格有效控制的成果，为更好调配船舶浮态、

增加有效使用空间、提高装载能力、增强续航能力等奠定了基础。

（二）快速性和经济性指标优于规格书要求

"雪龙2"号经试航测定，单台发电机组运行时航速达到12.428节（设计目标值12节），两台发电机组运行时航速达到15.942节（设计要求值15节），四台发电机组运行时最大航速达到18.035节（设计预估值17.6节），快速性和经济性指标均优于规格书要求。

（三）机动性出色，操纵安全性和耐波性得到初步验证

"雪龙2"号经试航测定，航速15节、操双舵20°时，回转直径约为1.49倍船长，远远低于法规要求的5倍船长（5×122.5米），回转性能优良，机动性出色。海上停船试验也证明该船机动灵活，在15节的高航速下能在405秒内实现停船，惯性滑动距离约为1256米；若需要紧急停船，可在105秒内实现停船，滑动距离约为3.5倍船长。本船在试航期间，船上横摇周期仪表和倾角显示横摇周期接近14.5~15.5秒，横摇和纵摇加速度较小，全面实现了该船耐波性指标。

（四）DP-2级动力定位能力实现，为科学考察奠定坚实基础

"雪龙2"号经试航测定，经船首两个隧道式侧推器，船尾两个大功率吊舱推进器的联合作用，能使船舶在四级海况（有义波高≤1.8米）、1.5节流实现定点定位。试验

显示，本船的电站负荷在动力定位时有充足的储备，同时也进行了艏艉各损失一个推进器的定位测定，试验结果表明，本船配置的 DP－2 级动力定位系统具有较高的可靠性和冗余度，完全满足中国船级社和英国劳氏船级社对于DP－2 级动力定位系统的要求。

（五）无人机舱和智能机舱调试顺利

本次试验的监测内容涵盖柴油机、发电机、主推进器、侧推器等主要系统和设备。同时，进行燃油、压载水、舱底水系统的遥控操作，全船动力及液舱的信息监测报警试验。经试航期间的验证，本船自动化程度较高，无人机舱和智能机舱调试顺利，系统安全可靠，人机界面设计合理。

（六）减振降噪措施起到明显效果，生活环境舒适度全面提升

"雪龙 2"号高度重视全船减振降噪的控制，通过设计和建造的层层把关，此次试航充分证实其效果。经振动噪声测定，在 12 节、15 节航速和动力定位工况时，均完全达到并优于中国船级社和英国劳氏船级社 COMF－2 级舒适度要求。

全船共 60 个住舱，航速 12 节考核工况时，经实测，所有居住房间甚至还能达到中国船级社和英国劳氏船级社COMF－1 级舒适度要求（≤49 分贝）。全船噪声最低的舱室噪声仅 32.8 分贝；机舱集控室，噪声实测 52.8 分贝，大大低于船级社设定的最高舒适度 COMF－1 级标准中对机舱集控室 70 分贝的要求；所有实验室噪声均低于 55 分贝，周围露天甲板的噪声均低于 65 分贝。

振动测量的数据也同样显示了本船结构设计合理，未出现一处振动超标的现象。中国船级社和英国劳氏船级社对 COMF－2 级舒适度的重点舱室振动指标要求为 3.5 毫米/秒，试航期间振动实测数据均在 0.1 毫米/秒左右，"雪龙 2"号振动数据远远优于规范要求。

此外，在试航期间，全船空调、通风管系运转良好，噪声低；室内温度调节灵活、降温效果明显，大大提升了本船舒适度水平。

（七）水下辐射噪声测量表明本船具备较好的噪声特性

在海试期间，专业水下辐射噪声测量人员采用是国家军用标准（GJB）进行检测，并与国际通用的 ICES－209 限值标准进行比对。结果表明，本船在低航速与高航速都能较好满足 ICES－209 限值标准，尤其是在 500 赫兹以下低频段远低于限值标准，没有明显的线谱对海洋生物造成影响；6 节航速与 11 节航速时没有出现空化现象，1 000 赫兹以上频段噪声远低于限值标准，对船上声学设备工作基本没有影响。

（八）科考调查系统进展顺利，为后续科考试航打下坚实基础

在此次试航中，"雪龙 2"号、江南造船（集团）有限责任公司、设备服务商相关人员充分结合船舶试航各种工况，穿插进行了深水多波束系统、船载多普勒海流计（38 000 赫兹和 300 000 赫兹）、超短基线系统、表层海水连续采集系统、表层海水观测系统、实验室大屏显示系统、科考信号分配和智能实验室系统等的调试工作。

经航行检验，各实验室布局合理，实验室内家具、内装的结构强度、固定形式均能够满足航行状态下船舶振动、摇摆等环境工况，为后续科考试航、科考设备固定调试提供了有力保障。实验室大屏显示系统调试成功。"雪龙 2"号几十套科考设备的运行和数据采集的情况都能实现设备集中控制和监视，还能及时现场集中展示调查成果。通过连续多日的整理线缆、测试，科考系统的定位、姿态的信号链路基本打通，初步实现定位、姿态信号数据的统一共享分配，既有力保障了本次深水多波束系统、超短基线系统、表层海水连续采集和表层海水观测系统的调试，也为后续科考设备试航打下坚实基础。

2019 年 7 月 11 日，"雪龙 2"号在上海顺利交付。我国第一艘自主建造的破冰船经过 21 个月的建造和 16 天的常规航行试验，船舶主要性能指标均达到设计要求。7 月 23 日，"雪龙 2"号破冰船离开江南造船（集团）有限责任公司，驶回中国极地研究中心国内基地码头。这次航行由"雪龙 2"号船员自主驾驶，这标志着"雪龙 2"号船员已经具备独立操作这艘融合国际最新船舶技术的极地科学考察破冰船。① 8月15日，"雪龙2"号破冰船从上海起航，奔赴我国南海海域执行试航任务。这次试航共35天，分为4个航段，主要目的是完成"雪龙2"号科考甲板支撑系统、走航观测设备、水下声学设备、拖曳观测系统、底质沉积调查取样系统、实验室系统和其他调查采样设备的性能测试，并对上述科考设备进行现场验收，开展船员独立操船技能训练。9月18日，"雪龙2"号破冰船完成南海试航各项任务后返回上海，试航的完成标志着"雪龙2"号破冰船正式开启南极考察活动的服役生涯。"雪龙2"号破冰船将与"雪龙"号破冰船一起担负起极地科考的任务，"双龙探极"格局正式形成。

四、"双龙探极"的新成就

"雪龙2"号破冰船是中国第一艘自主建造的极地科学考察破冰船。"雪龙2"号破冰是全球第一艘采用艏艉双向破冰技术的破冰船，能够在1.5米厚冰环境中连续破冰航行，填补了中国在极地科考重大装备领域的空白。自交付使用以来，已经在2次南极考察任务和1次北极科学考察中发挥重要作用，并成功完成澳大利亚南极戴维斯站紧急救援活动，诠释了大国担当与贡献。

---

① 张建松."雪龙2"号极地科学考察破冰船首次"回家"[EB/OL].（2019－07－24）[2020－10－30].http：//www.xinhuanet.com/2019－07/24/c_1124793992.htm.

（一）科学考察

2019 年 10 月 15 日，"雪龙 2"号破冰船从深圳出发首航南极，同年 10 月 22 日，"雪龙"号破冰船从上海出发，"雪龙兄弟"共同执行中国第 36 次南极考察任务，这标志着我国极地考察现场保障和支撑能力取得新的突破，正式开启"双龙探极"新时代。

2019 年 10 月 24 日，"雪龙 2"号破冰船首次穿越赤道进入南半球，于 11 月 4 日抵达澳大利亚霍巴特港。在靠港期间，"雪龙 2"号破冰船进行了燃油、淡水、食品和备件补给，并迎来 33 名考察队队员。此时船上共有 89 名第 36 次南极考察队队员，进行补给和人员轮换后，前往南极中山站。2019 年 11 月 20 日，"雪龙 2"号破冰船进行了首次陆缘冰破冰作业，抵达中国第 36 次南极考察首个目的地——中山站附近海域。2019 年 11 月 23 日，"雪龙 2"号破冰船完成了中山站附近的航道破冰，以连续破冰和冲撞破冰的方式，为"雪龙"号破冰船海冰卸货开辟了一段约 14 海里的冰上航道。"雪龙"号破冰船沿着这段冰上航道，到达更靠近中山站的预定卸货点，冰面雪地车运输和空中直升机吊运等南极冰上联合卸货全面展开。2019 年 12 月 1 日，"雪龙"号与"雪龙 2"号两艘破冰船停靠中山站固定冰外缘，相距约 500 米。计划从"雪龙"号破冰船上卸下的 1 450 吨物资中，已运达中山站和内陆出发基地的物资达 1253.9 吨，其中直升机吊运 466.4 吨，雪地车运输

787.5 吨。2019 年 12 月 3 日，"雪龙 2"号破冰船协助"雪龙"号破冰船完成在中山站卸货等任务后，启程前往宇航员海进行大洋科考。12 月 3 日至 12 月 7 日，中国第 36 次南极考察队在南大洋普里兹湾进行多学科科考作业。2019 年 12 月 4 日，"雪龙 2"号破冰船在南大洋宇航员海进行综合科考；2020 年 1 月 5 日，新华社在"雪龙 2"号破冰船上传回消息，中国第 36 次南极考察队队员首次用大型底栖生物拖网在宇航员海开展底栖生物调查，这是中国在宇航员海首次开展海洋生态系统调查的重要组成部分。此次海洋生态系统调查对象包括海洋浮游生物、游泳生物、底栖生物、鸟类和哺乳动物等各个类群。同一天，考察队队员在同一海域还布放了 1 套时间序列沉积物捕获器潜标。2020 年 1 月 10 日，"雪龙 2"号破冰船完成宇航员海综合科考后，从宇航员海的密集浮冰区出发，向北穿越西风带，前往南非开普敦进行人员轮换与物资补给，随后奔赴南极长城站。2020 年 1 月 11 日，中国第 36 次南极考察队在"雪龙 2"号破冰船上释放了第一个探空气球。考察队队员在穿越西风带期间保持每天释放 4 个、每次间隔 6 小时，持续释放 6 天，以探测不同高度的气温、风速、风向、气压和湿度等气象要素。南大洋海洋与大气相互作用对全球气候变化具有重要影响，西风带则是南大洋海洋与大气相互作用的关键区域。

2020 年 4 月 23 日，"雪龙"号和"雪龙 2"号破冰船圆满完成了第 36 次南极考察任务，胜利归来，返回上海外高桥中国国内极地考察基地码头，人员入境、分流转运实行闭环管理。此次南极考察队共有 446 人组成，两船航程共 7 万余海里，完成南极陆地科学考察与工程技术维护以及相关海域调查等 62 项既定任务。

2020 年 7 月 15 日，由自然资源部组织的中国第 11 次北极科学考察队搭乘"雪龙 2"号破冰船从上海出发，执行科学考察任务。这是"雪龙 2"号破冰船继顺利完成南极首航后，首次承担北极科学考察任务。

2020 年 11 月 10 日，由自然资源部组织的中国第 37 次南极考察队搭乘"雪龙 2"号破冰船从上海出发，执行南极考察任务。本次考察航程 3.6 万余海里，并于 2021 年 5 月 7 日返回上海。第 37 次南极考察围绕应对全球气候变化等问题，开展水文气象、生态环境等科学调查工作，并执行南大洋微塑料、海漂垃圾等新型污染物业务化监测任务；同时，还开展了南极中山站、长城站越冬人员轮换及物资补给工作。

（二）戴维斯站紧急救援活动

据澳大利亚南极局消息，2020 年 12 月 19 日，澳大利亚南极戴维斯站一名队员病重需紧急医疗救援，正在南极进行第 37 次考察工作的"雪龙 2"号破冰船慷慨相助，联合美国麦克默多站一同紧急救援病重队员。

由于新冠肺炎疫情的缘故，戴维斯站今年并没有配备装有雪橇式起落架的飞机。12 月 20 日，"雪龙 2"号破冰船抵达澳大利亚戴维斯站附近，随船直升机 AW169 载 5 人和 1 000 千克物资，成功将病重的澳大利亚队员送至戴维斯站附近飞机滑翔雪道。"雪龙 2"号破冰船在成功完成戴维斯站紧急救援活动后，离开戴维斯站抵达中山站附近。病重队员随后搭乘美国麦克默多站 Basler 系列飞机回澳大利亚治疗。

南极虽是天寒地冻之地，但从不缺乏和平合作的暖心故事。中国的"雪龙 2"号破冰船、美国麦克默多站的 Basler 系列飞机一同加入澳大利亚戴维斯站的患者救援活动，这是在南极国际合作的典型，完美诠释了南极的和平精神。澳大利亚南极局罕见地在官方网站通过一张"中澳两国国旗在南极洲共同飘扬"的照片，表达对中国南极考察队的感激和赞赏。中国作为南极科考大国，再次向世界证明大国的担当和贡献。人类在南极，也许更能体现"命运共同体"这个境界。

极地专项提升科研能力：
"南北极环境综合考察与评估"的实施

第4次国际极地年中国行动计划成功实施并获得丰硕成果的时候，恰逢国家"十二五"规划酝酿、启动之时。在已有工作的基础上，国家层面和极地工作者开始考虑"十二五"时期我国极地事业的发展。"十二五"极地考察专项南北极环境综合考察与评估专项，就是在这一背景下诞生的。

为全面总结我国极地事业的成就与经验，进一步推动我国极地事业的发展，2011年6月21日，国家海洋局在北京召开极地工作会议。这是自1984年我国组织开展极地考察以来召开的首次极地工作会议。从新华社播发的通稿①来

---

① 新华社. 国务院副总理李克强对我极地考察工作作出重要批示［EB/OL］.
（2011－06－21）［2020－11－10］. http：//www.gov.cn/ldhd/2011－06/21/
content_1889790. htm.

看，这次会议既是对过去我国极地事业的总结，更是对"十二五"时期我国极地事业发展的动员与展望。

中共中央政治局常委、国务院副总理李克强对我国极地考察工作作出重要批示。他向全国极地考察工作者致以亲切问候，并指出：极地考察是人类探索地球奥秘的壮举，在我国海洋事业中占有重要地位，对促进可持续发展具有重大意义。经过20多年努力，我国极地考察取得丰硕成果，增强了在国际极地事务中的影响力。"十二五"时期，我国极地考察事业正处于可以大有作为的战略机遇期。希望全体极地考察工作者紧紧围绕现代化建设，继续发扬南极精神，进一步加强能力建设，深入开展极地战略和科学研究，积极参与国际交流合作，有效维护国家权益，为我国极地事业发展、为人类和平利用极地做出新的贡献。

会议从考察空间、考察与保障能力、科技创新与科学研究、战略规划与立法管理、科普教育、对外交流、制度与队伍建设、信息化建设、国际极地年行动等方面，系统总结了新世纪以来我国极地考察工作取得的成绩和积累的经验，认为：过去的十年，是我国极地考察事业实现跨越式发展的十年。

会议指出，"十二五"期间，我国极地考察工作者要抓住机遇，坚定信心，强化措施，推动极地考察再创辉煌。进一步确立我国极地事业发展的总体战略，全面提升极地科学考察和研究水平，继续完善极地考察保障体系，不断深化务实合作，努力提高在国际极地事务中的话语权和影响力，加强人才队伍建设，实现我国极地事业的快速健康发展。

国家海洋局局长刘赐贵主持会议，国家海洋局副局长陈连增做工作报告。国土资源部部长徐绍史做总结讲话。外交部、教育部、科技部、中国科学院负责人在会上发言。来自 15 个部门和单位的代表，特邀科学家代表，考察队员代表，极地科普教育基地代表，国内参与极地考察与研究的机构、大专院校、后勤支撑保障单位、极地重点项目建设单位和赞助极地考察事业的企业单位代表等参加了大会。

根据国务院领导对《关于在"十二五"期间进一步加强我国极地考察工作有关问题的请示》的批复，2011 年7 月 28 日，国家海洋局和财政部联合成立南北极环境综合考察与评估项目（以下简称"极地专项"）领导小组，并设立领导小组办事机构——极地专项办公室；明确了极地专项领导小组职责和议事规则；原则通过了极地专项总体实施方案及经费预算；出台了极地专项管理办法。①

极地专项是在国际极地年中国行动计划的基础上发展壮大，以全球变化、环境、资源和权益为着力点，围绕南、北极环境基础考察与评价、应对气候变化、极地权益争端等问题开展的工作。专项任务包括如下 4 项基本内容：

---

① 国家海洋局.2011 年度中国极地考察报告［Z］.北京：国家海洋局，2011：120.

① 南极周边海域环境综合考察与评估；② 南极大陆环境综合考察与评估；③ 北极环境综合考察与评估；④ 极地国家利益战略评估。①

　　该专项主体工作计划在"十二五"期间（2011—2015年）完成，将充分利用现有的"一船四站"极地考察平台，适度动员"大洋一号""海洋六号"或"科学号"等国内远洋考察力量，有计划、分步骤地完成南极周边重点海域、北极重点海域和南极大陆考察站周边地区的环境综合考察与评估。专项后续工作争取延伸至2020年。拟在总结前5年工作的基础上，顺应国内、国际形势的发展，充分发挥新建的破冰船功能，查漏补缺，实现南北极重点海域的系统调查和特定海域的大比例尺详查，满足国家到2020年战略规划阶段对于两极地区的战略需求。

　　下面，我们分年度重点介绍2011—2015年，极地专项的工作与取得的成就。

　　2011年，极地专项先期启动了极地环境综合考察技术规程及标准制定专题和极地国家利益战略评估专题，并取得一定进展。中国第28次南极考察队开展了南大洋科考及昆仑站内陆科考专项试点项目。②

　　2012年，极地专项全面启动，项目涵盖中国第5次北极

---

① 国家海洋局.2011年度中国极地考察报告［Z］.北京：国家海洋局，2011：120.
② 同上，第121页。

科学考察及第 29 次南极内陆、大洋及相关站基科学考察。2
月 24 日，极地专项启动大会在北京召开。极地办分别与 10
家牵头承担单位签订了极地专项 2012 年任务合同书。①

　　根据国家海洋局相关资料，2012 年又对极地专项的内
容进行了丰富和细化，并对具体参与单位进行了明确。据
《2012 年度中国极地考察报告》介绍：极地专项是我国极地
领域近 30 年来规模最大的一个专项，围绕南北极环境基础
考察与评价、应对气候变化、极地权益争端等问题开展工
作。主体工作计划在 5 年内完成，将充分利用现有的"一
船四站"极地考察平台，通过实施 5 次南极考察和 3 次北
极考察，有计划、分步骤地完成南极周边重点海域、北极
重点海域和南极大陆考察站周边地区的环境综合考察与评
估，极地对全球和我国气候变化影响综合评估，极地国家
利益战略评估，同时制定一批极地环境综合考察技术规程
和标准规范，建立质量控制体系，凝聚一支高水平的极地
考察与研究队伍，促进极地科技成果产出，推动我国极地
科技和事业的跨越式发展。

　　极地专项由国家卫星海洋应用中心、国家海洋标准计
量中心、中国极地研究中心、国家海洋局第一海洋研究所、
国家海洋局第二海洋研究所、国家海洋局第三海洋研究所、
国家海洋局海洋发展战略研究所、东海水产研究所、中国

---

① 　国家海洋局.2012 年度中国极地考察报告［Z］.北京：国家海洋局，2012：
　　11.

地质科学院地质力学研究所、中国海洋大学 10 个单位牵头实施。武汉大学、中国科技大学、中国气象科学研究院、中国科学院青藏高原研究所、黑龙江测绘地理信息局、中国科学院海洋研究所等 22 个单位参与工作。

　　2012 年是极地专项全面实施的第 1 年，取得了一系列突破。中国第 28 次南极考察队首次在南极半岛海域开展了 40 个站位的海洋综合考察，首次在南极普里兹湾海域成功布放 2 台我国自主研发的海底地震仪；首次在南极普里兹湾海域回收了长达 1 年多的生物捕获器潜标系统 1 套；首次在南极半岛使用 MultiNet 网，成功对深海不同层次浮游生物进行采样；首次在南极半岛海域开展海洋重力、磁力和测深综合地球物理区域调查，完成磁力测线约 1 111 千米。南极半岛海域的考察填补了南大洋断面大、纵、深综合观测的空白，这也是在长期科学规划指导下，首次进行的目标明确、连续性强、覆盖面广、重点突出的综合性观测。这些工作为我国极地专项的正式启动和实施奠定了良好的科学基础。[①]

　　昆仑站考察队执行极地专项试点项目南极内陆考察，开始实施昆仑站深冰芯钻探工作，成功获取了 120 米的冰芯；完成了第一台南极巡天望远镜（AST3－1）的安装，使我国极地天文学领域的发展进入新的阶段；自主研制的

---

① 国家海洋局.2012 年度中国极地考察报告［Z］.北京：国家海洋局，2012：104－105.

冰雷达获得了冰盖断面雷达坡面图，表明了我国已经具备研制冰雷达这种特殊雷达系统的能力。①

第5次北极科学考察是执行极地专项的首次北极调查任务，涉及极地专项项目三的5个专题，实现了考察学科和内容的新突破。"雪龙"号破冰船成功穿越了北冰洋，首次实现了北太平洋水域、北冰洋太平洋扇区、北冰洋中心区、北冰洋大西洋扇区和北大西洋水域的准同步考察；首次在北冰洋、太平洋和大西洋扇区实施系统的地球物理观测，获得无法通过数据共享获得的重力、磁力和地层剖面等敏感基础数据，为我国的北极海域海底构造研究奠定了基础；在冰岛周边海域开展了中冰海洋合作调查，开创了中国与环北冰洋国家深入合作的成功先例，拓展了我国的北极研究领域。②

2013年是极地专项全面实施的一年，新启动了5个评价类专题，至此全部24个专题均已启动，并在建章立制工作方面成效显著。国家海洋局根据专项工作进展，研究并出台了《"南北极环境综合考察与评估"专项管理办法》《"南北极环境综合考察与评估"专项经费管理办法》，成立了极地专项成果集成责任专家组，为极地专项成果集成

---

① 国家海洋局.2012年度中国极地考察报告［Z］.北京：国家海洋局，2012：105.
② 同上。

做好准备工作。①

2013 年极地专项取得了一系列的突破。中国第 29 次南极考察队南大洋考察是极地专项正式实施以来的第一个南极科学考察航次，在参加人数、科学考察项目和任务、时间、航程和覆盖范围等方面均创造了中国南极考察南大洋调查近 30 年来的历史纪录，首次在罗斯海陆架开展定点 24 小时物理海洋、生物和化学调查，新增浅层反射地震、海底热流和船载地磁三分量测量调查。昆仑站考察队执行南极内陆考察，成功获取了第一台南极巡天望远镜（AST3‑1）的观测数据，使中国在世界上率先获得第一批南极最大口径天文光学望远镜观测数据；实施深冰芯钻探工程，成功取出长度分别为 3.83 米、3.57 米、3.59 米的 3 支深冰芯样本，实现深冰芯钻探零的突破，标志着中国具备了开展深冰芯科学钻探的能力；利用冰雷达获得迄今世界上分辨率最大的三维深冰结构和冰下地形数据。②

2013 年也是极地专项技术规程及标准规范制定工作取得突破性进展的一年。这一重要的基础性工作已于 2012 年 5 月正式列入《全国海洋标准化"十二五"发展规划》。《极地海洋水文气象、化学和生物调查技术规程》于 2013 年正式出版。《南极磷虾资源调查与评估技术指南》《极地

---

① 国家海洋局.2013 年度中国极地考察报告［Z］.北京：国家海洋局，2013：100.
② 同上。

地质与地球物理考察技术规程　第 1 部分：海洋考察》《极
地地质与地球物理考察技术规程　第 2 部分：陆地考察》
《极地测绘指南》《极地大气观测技术规程》《极地科学考
察总则》等技术规程也已于 2013 年制定完成。①

　　另外，值得一提的是，极地软科学研究得到了重视，
在极地专项中得到了体现。极地国家利益战略评估专题提
交了《极地国家政策研究报告（2012—2013）》等 38 份
研究报告和 1 部专著，其中代表性成果有《南极地缘政治
的安全分析》《北极航道的法律与国际关系的现状及挑战》
《极地国家的科技政策与科学计划动向研究》《周边国家主
张及现状研究》《极地国家政策研究报告（2012—2013）》
等。这些成果围绕国家所需，对关系中国经济社会发展的
极地领域的战略性、基础性和前瞻性问题进行了深入研
究。② 此外，该专题还紧跟国际极地领域的重大时事动态，
如中国成为 IASC 正式观察员的应对措施、俄罗斯北极开发
新动向及中国参与策略等开展应急研究，提出了中国在这
些重大问题上的原则立场和应对策略，为国家相关决策
服务。

　　2014 年是极地专项全面实施、综合推进的一年，全部
24 个专题均已启动，并在成果集成、建章立制等工作方面

---

① 　国家海洋局.2013 年度中国极地考察报告［Z］.北京：国家海洋局，2013：
　　100.
② 　同上。

取得成效。这一年，成果集成责任专家组已成功召开4次会议，形成了成果集成一级集成编写大纲指南、二级集成5个专题大纲以及三级集成的编写方案，同时提出了极地专项"十三五"滚动发展的主要设想。极地专项新出台了《"南北极环境综合考察与评估"专项质量控制与监督管理办法》《"南北极环境综合考察与评估"专项考核和验收管理办法》，进一步加强了极地专项质量控制与监督管理工作，规范了极地专项考核和验收工作[①]。

2014年，极地专项取得了重要进展。中国第30次南极考察南大洋考察队较为圆满地完成了南极半岛邻近海域的综合考察任务，分别获得33个重点站位的物理海洋数据和29个重点站位的生化样品；首次完成了环南极大陆走航海流观测；地质取样69站，柱状样品在南极半岛邻近海域和普利兹湾海域都创造了最新长度纪录；圆满完成罗斯海海域的海洋地球物理探索性调查；完成罗斯海两条地震、重力、拖曳式磁力和测深测线，约345千米，完成布尔斯菲尔德海峡两条重力、拖曳式磁力和测深测线，约415千米。格罗夫山考察队执行南极内陆考察，在南极中山站附近和格罗夫山共计布放了10台天然地震自动观测台站；完成了冰雷达探测测线共340千米，共获得数据460十亿字节；发现了含丰富磁铁矿的岩石等样品，并随即开展样品的测

---

① 国家海洋局. 2014年度中国极地考察报告［Z］. 北京：国家海洋局，2014：113.

试分析工作；冰盖进退和古气候考察完成计划任务；生态环境考察完成外业的样品采集工作。①

在北极科学考察方面，2014 年中国第 6 次北极科学考察是该专项"十二五"期间的第二个北极航次，共完成了 90 个海洋定点站位的综合考察、7 个短期冰站和 1 个长期冰站的现场考察作业，布设了多种海洋和海冰观测浮标，开展了走航断面观测和抛弃式观测；并在浮冰区开展了走航海冰物理特征综合观测，获取了大量北冰洋及海冰的第一手观测数据、样品和影像资料。②

极地专项技术规程及标准规范制定工作也取得长足进展，2014 年完成并出版了《极区空间环境观测指南》《极地冰冻圈观测技术指南》《极地动植物保护规定》《极地考察人员营养与食品保障标准》《南极天文观测指南》5 项规程。在软科学研究方面，极地国家利益战略评估专题提交了《北极治理新理论》等 38 部专著及研究报告，对北极治理的认知角度和知识体系进行了论述，同时开展了专题成果的一级集成和二级集成工作，制订并发布了《极地专项"极地国家利益战略评估"专题研究成果管理意见》。③

2015 年是极地专项"十二五"收官、谋划"十三五"的关键之年，圆满完成了 24 个专题中的 17 个考察类专题

---

① 国家海洋局.2014 年度中国极地考察报告［Z］.北京：国家海洋局，2014：114.
② 同上。
③ 同上。

成果的一级集成，7个评估类专题成果的二级集成进展顺利，成效显著；极地专项"十三五"滚动作为极地"十三五"规划重大项目中的两大主要内容之一，在继承"十二五"工作的基础上深入发展，有所拓展和提高。

2015年极地专项考察取得了一系列可喜进展。我国第31次南极考察队南大洋考察分为罗斯海和普里兹湾2个航段进行，其中在罗斯海开展海洋地质和地球物理考察，在普里兹湾开展物理海洋、海洋化学、海洋生物生态、生物资源调查，特别是高成功率回收3套潜标和5台海底地震仪，创造了极地海洋回收锚系设备的新纪录。昆仑站考察队的深冰芯钻探项目钻取深冰芯172米，获取了大量实时工况钻取参数和孔内原始数据；天文科考项目成功安装第2台南极巡天望远镜（AST3-2），为研究超新星、宇宙暗能量、搜寻系外行星和变星提供了强有力的设备基础。在内陆考察期间，考察队按计划完成了中山站至昆仑站断面的大气水汽同位素观测、气溶胶观测、气象观测、雪冰物质平衡观测等科考项目，获得了大量宝贵的基础数据。[①]

在软科学研究方面，极地国家利益战略评估专题组提交了多份研究报告，较为系统分析了北极现有治理模式、主要国家的南极战略和政策等基础问题，提出了中国参与极地治理、拓展极地战略新疆域的对策建议。应用工作方

---

① 国家海洋局.2015年度中国极地考察报告［Z］.北京：国家海洋局，2015：15.

面，专题组围绕北极航道的开发利用、南极海洋保护区等国际极地热点与重大问题形成了对策研究报告，在相关国家决策中发挥了作用。[①]

在上述成果的基础上，2015年极地专项一级成果集成工作圆满完成，为在更高水平上谋划"十三五"时期我国极地事业的发展创造了有利条件。

1. 项目一：南极周边海域环境综合考察与评估[②]

依托中国第28次、29次、30次、31次南极考察，南极周边海域环境综合考察与评估项目下设7个专题。通过专题的协作调查，摸清南极周边重点海域物理海洋与海洋气象、海洋地质、海洋地球物理、海洋化学与碳通量、海洋生物多样性和生态等海洋环境要素的时空分布与变化规律，查明南极磷虾、主要鱼类和头足类资源的分布及变动规律，探索和构建南极磷虾等生物资源综合利用的技术体系，形成南极周边海域海洋环境的基础数据与图件。该项目组完成一级集成成果报告和图集14册，共计175万字。

2. 项目二：南极大陆环境综合考察与评估[③]

通过中国第28次、29次、30次和31次南极考察，依托南极长城站、中山站、昆仑站，南极大陆环境综合考察与评估项目下设7个专题。在南极大陆开展站基生物生态

---

① 国家海洋局. 2015年度中国极地考察报告［Z］. 北京：国家海洋局，2015：50.
② 同上，第50－51页。
③ 同上，第53页。

环境本底考察，冰盖断面及格罗夫山综合考察与冰穹 A 深冰芯钻探，大气、空间环境及天文观测与研究，环境遥感综合考察，摸清南极大陆冰盖、基底、大气、空间、生物生态等环境要素的时空分布与变化规律，形成南极大陆环境的基础数据与图件。该项目组完成一级集成成果报告和图集 8 册，共计 101 万字。

3. 项目三：北极环境综合考察与评估①

通过中国第 5、6 次北极科学考察，北极环境综合考察与评估项目下设 5 个专题。以白令海、楚科奇海和加拿大海盆为重点，开展物理海洋与海洋气象、海洋地质、海洋地球物理、海洋化学与碳通量、海洋生物和生态等多学科环境综合考察，摸清北极海洋环境要素的时空分布和变化规律，形成北极海洋环境的基础数据与图件。该项目组完成一级集成成果报告和图集 10 册，共计 169 万字。

4. 项目四：极地国家利益战略评估②

极地国家利益战略评估开展了极地地缘政治研究、极地资源利用战略研究、极地科技发展战略研究、极地法律体系研究、极地国家政策研究 5 个专题的研究。专题组通过对重点国家及国际组织关于南、北极区域环境与资源的政治、法律、政策、科学研究和管理开发等方面进行深入

---

① 国家海洋局.2015 年度中国极地考察报告［Z］.北京：国家海洋局，2015：54.
② 同上，第 56–57 页。

研究，解析了南、北极区域的国家政策、地缘政治、国际关系、经济社会发展、资源利用与环境保护现状，分析了各种要素之间的相互作用和影响，探索其未来发展走向，对影响南、北极区域环境与资源问题的"软环境"做出综合性评估。在此基础上，结合我国经济社会发展和科技创新的战略需求，专题组进一步明晰和界定了我国在南、北极区域的战略利益，提出了参与极地区域环境与资源开发、极地国际治理等问题的路径和方式，为进一步提升我国在国际极地事务中的话语权和影响力、促进我国在极地区域的环境与资源利用、更好地为我国的经济社会发展和科技创新服务提供宝贵的智力支撑和科学依据。该项目组完成一级集成成果报告 5 份和图集 2 册，共计 500 万字。

完善南极考察站新布局：
中国南极泰山站、罗斯海新站的建立

根据党的十八大提出的"提高海洋资源开发能力，发展海洋经济，保护海洋生态环境，坚决维护国家海洋权益，建设海洋强国"的宏伟战略目标，为围绕气候变化这个国际社会关注的核心议题，开展更加持续的环境观测，更系统地研究南极大陆，中国政府拟在现有 3 个南极考察站的基础上建立新的南极考察站。

2012 年 3 月 20 日，新建南极考察站选址工作方案研讨会在北京召开，标志着我国新建南极考察站的工作正式启动。4 月，极地办拟定了初步工作计划；5 月，极地办分别邀请来自极地相关部门的科技、后勤、战略方面的领导和专家召开了 3 次研讨会，对新建站选址调研区域进行了论证，并在此基础上于 7 月形成调研方案；8 月，作为中国第 29 次南极考察现场实施方案的组成部分，确定了对新建站选址进行现场调研的实施方案。①

中国政府计划在南极建立两座新站。一座新站其实在建立昆仑站时就已经有计划了，因为从中山站到昆仑站有1 200多千米，距离太远，不利于人员物资的运送，同时也不能满足对于中山站—冰穹A区域沿线的科考需求。因此，在中山站与昆仑站之间建立一座中继站势在必行。这个兼具中继站功能的南极考察站就是泰山站。昆仑站位于南极冰盖最高点冰穹A地区，是进行冰芯钻探、开展大气科学和天文科学研究的绝佳之地。泰山站位于中山站与昆仑站之间的伊丽莎白公主地，既可以为昆仑站科学考察提供前沿支撑，又能为考察格罗夫山搭建平台。因此，建立中国南极泰山站，可谓一举多得。

另外一座计划建设的新站位于南极罗斯海沿岸的维多利亚地恩克斯堡岛（又称难言岛）。之所以要在罗斯海沿岸建设一座常年站，也有多方面的考虑。罗斯海新站位于南极三大湾系之一的罗斯海区域沿岸，面向太平洋扇区，是南极岩石圈、冰冻圈、生物圈、大气圈等典型自然地理单元集中相互作用的区域，具有重要的科研价值。同时，罗斯海拥有南半球最高纬度的海洋及生态系统，还是南极环境保护区体系最完备的地区，国际上在罗斯海区域选划设立了南极最大的海洋保护区。因此，这里已成为科考热点

---

① 国家海洋局.2012年度中国极地考察报告［Z］.北京：国家海洋局，2012：103.

区域。目前，罗斯海区域已建有美国麦克默多站、新西兰斯科特站、意大利马里奥祖切利站、德国冈瓦纳站和韩国张保皋站等多个国家的考察站。中国在此地建站，不仅可以达到与我国已有考察站的差异化，而且可以填补我国在国际上南极考察重点、热点区域的空白，还可以促进南极科考国际合作。①

根据南极内陆考察夏季站——泰山站建设所涉及的关键性因素，针对新站未来功能定位及科考学科需求，中国第29次南极考察队从气象、地质地形、冰雪、生态等方面对中山站—冰穹A区域沿线进行了细致勘察，选定了中国南极泰山站预选站址。2012年12月23日，中国第29次南极考察队顺利完成中山站至昆仑站间内陆新建站泰山站选址现场勘测工作。在国家海洋局组织专家论证的基础上，根据该站科考需求与后勤保障条件，泰山站计划建设主体建筑410平方米，可满足20人度夏考察需要。② 国家海洋局组织编写了中国南极泰山站初步环境影响评价报告，于2012年5月通报了南极条约协商会议。③ 与此同时，中国第29次南极考察队还成立了专门的罗斯海区域新站选址领导小组，根据常年站建设所涉及的关键性因素，针对未来

① 张保淑.筹建"第五站"中国迈向极地考察强国［N］.人民日报海外版，2017-11-22（10）.
② 国家海洋局.2013年度中国极地考察报告［Z］.北京：国家海洋局，2013：98.
③ 同上。

新站科考需求及发展需要，结合该区域内他国考察站建设情况，从气象、地质地形、冰雪、生态、海冰情况等方面进行勘察。2013 年 1 月 8 日，中国第 29 次南极考察队完成了罗斯海沿岸维多利亚地恩克斯堡岛新站选址现场勘测工作。①不过，罗斯海新站的选址工作要复杂一些，稍后述及。

2013 年 6 月 28 日，国务院批复了《关于近期我国新建南极考察站有关问题的请示》，同意在南极新建 2 个考察站。经国务院批准，泰山站建设工程自 2013 年年底开始实施，于 2014 年完成。为贯彻落实国务院有关批示精神，国家海洋局编制完成了泰山站总体方案、概念设计方案、项目建议书、可行性研究报告和详细设计方案，进行了主体建筑的国内预搭建工作。现场实施工作将由中国第 30 次南极考察队承担，并计划于 2014 年 2 月完成中国南极泰山站主体建筑建设任务。②

2013 年 12 月 18 日，中国第 30 次南极考察泰山站建站队从中山站基地出发，于 2014 年 1 月 26 日抵达泰山站选址地点，正式开始建站工程。经过 13 天的艰苦努力，于 2014 年 2 月 7 日完成了泰山站全部主体建筑工程及室内装饰、厨具、洁具、家具等配套设备设施的安装。③ 中国南极

---

① 国家海洋局.2013 年度中国极地考察报告［Z］.北京：国家海洋局，2013：11.
② 同上，第 99 页。
③ 国家海洋局.2014 年度中国极地考察报告［Z］.北京：国家海洋局，2014：112.

泰山站为南极内陆考察夏季站，位置坐标为南纬73°51′、东经76°58′，海拔2 621米，冰盖厚度1 900米，位于东南极冰盖伊丽莎白公主地区域，距离中山站522千米，距离昆仑站715千米，距离格罗夫山地区85千米。泰山站（见图5-2）主体建筑面积410平方米，建筑总高度为雪面以上11.7米，整体呈现"红灯笼"造型。泰山站增强了自动化控制、建筑智能化以及绿色建筑的研究与应用，加大了清洁能源的应用比重。该站主要功能包括科学观测、人员住宿、物资储藏、航空支持、车辆维修、通信、应急避难等。①

图5-2　中国南极泰山站

---

① 国家海洋局.2014年度中国极地考察报告［Z］.北京：国家海洋局，2014：112.

中国南极泰山站于 2014 年 2 月 8 日建成并投入使用。中共中央总书记、国家主席、中央军委主席习近平致信表示热烈祝贺，对不惧艰险、立志造福人类的广大极地科学工作者表示诚挚的问候。国家海洋局在北京利用远程视频连线的方式，为中国南极泰山站举行了开站仪式，国家海洋局负责人宣读了习近平总书记的贺信。习近平总书记贺信全文如下①。

中国南极泰山站：

　　在中国南极泰山站建成并投入使用之际，我对此表示热烈的祝贺！对不惧艰险、立志造福人类的广大极地科学工作者，表示诚挚的问候！

　　极地科学考察，是人类探索自然奥秘、探求新的发展空间的重要领域，是一项功在当代、利在千秋的事业。中国南极泰山站的建成，为我国科学家开展长期持续的南极科学考察研究提供了良好条件，有利于拓展我国南极考察的领域和范围、拓展我国海洋事业发展的战略空间。中国南极泰山站和已经建成的中国南极长城站、中国南极中山站、中国南极昆仑站、中国北极黄河站，既是我国极地工作者开展科学考察的平台，又是我国对外科学交流的重要窗口。

　　我相信，在广大极地工作者辛勤努力下，我国极地科

① 国家海洋局.2014 年度中国极地考察报告［Z］.北京：国家海洋局，2014：20.

学考察事业一定能够为造福人类作出新的更大的成绩!

习近平

2014 年 2 月 8 日

　　泰山站是继长城站、中山站、昆仑站之后，我国的第 4 个南极考察站。国家海洋局表示，之所以将其命名为泰山站，是因为五岳之首的泰山，在国内和国际上有着极高的知名度，泰山站也是上次我国南极内陆站在全国征名中得票数仅次于昆仑站的名字。泰山站建成之后将与其他 3 个南极考察站一起分工合作，助力我国南极考察研究工作。

　　中国南极长城站于 1985 年 2 月 20 日建成，坐落在南设得兰群岛乔治王岛，隔着布兰斯菲尔德海峡与南极半岛相望。长城站占地面积约 2.5 平方千米。长城站有大型永久建筑 10 座，包括生活楼、科研楼、气象楼、文体楼、发电楼、综合库、食品库等。夏季可容纳约 60 人，冬季可供约 20 人越冬考察。越冬期的主要常规科考观测项目有：气象、高分辨卫星云图接收、地震、电离层观测。

　　中国南极中山站于 1989 年 2 月 26 日建成，位于东南极大陆伊丽莎白公主地拉斯曼丘陵的维斯托登半岛上，地处南极圈之内，是进行南极海洋和大陆科学考察的理想区域。中国南极考察队在中山站全年进行的常规观测项目有：气象、电离层、高层大气物理、地磁和地震等。

　　中国南极昆仑站于 2009 年 1 月 27 日建成，是我国第一个南极内陆站，位于南极内陆冰盖的最高点冰穹 A 地区。

依托昆仑站，我国将有计划地在南极内陆开展冰川学、天文学、地质学、地球物理学、大气科学、空间物理学等领域的科学研究，实施冰川深冰芯科学钻探计划、冰下山脉钻探、天文和地磁观测、卫星遥感数据接收、人体医学研究和医疗保障研究等科学考察和研究。

中国南极泰山站于 2014 年 2 月 8 日正式建成开站。这是我国在南极建设的第 4 个考察站，位于中山站与昆仑站之间的伊丽莎白公主地。该站为南极内陆考察夏季站，可满足 20 人度夏考察生活，总建筑面积 1 000 平方米，使用寿命 15 年，配有固定翼飞机冰雪跑道。泰山站一方面可以作为昆仑站的中继站，为昆仑站的科学考察提供后勤保障支撑，进一步服务中山站—昆仑站内陆冰盖断面的各项科学考察；另一方面还可以此为基地，服务于格罗夫山地区科学考察。①

在成功建成中国南极泰山站的同时，在罗斯海沿岸选址建设新站的工作也加紧进行。不过，罗斯海新站的选址与建设要曲折一些，主要是因为罗斯海沿岸维多利亚地恩克斯堡岛地理条件比较恶劣，新站选址不易。根据国家海洋局的官方资料，2014 年以来，中国南极考察队多次对罗斯海新站站址进行了详细的考察与勘测，国家海洋局多次组织专家就新站站址进行论证。

---

① 新华社. 我国南极第四个科考站泰山站今日建成开站 ［EB/OL］. (2014 - 02 - 08) ［2020 - 11 - 12］. http://scitech. people. com. cn/n/2014/0208/c1007-24299423. html.

　　2014 年 1 月 13 日至 1 月 16 日，中国第 30 次南极考察队完成了罗斯海沿岸维多利亚地恩克斯堡岛新站站址工程地质勘查、工程测绘及码头水文测量、气象站安装、站区 1∶2 000 工程地质填图、码头工程调研、重装备卸载方案调研、建筑设计调研等主要工作任务，为后续功能布局和站区规划、站区建设、码头选址等提供了科学数据。① 根据《南极条约》和《关于环境保护的南极条约议定书》的规定，中国完成了罗斯海沿岸维多利亚地恩克斯堡岛新站的综合环境影响评价，并于 2014 年 1 月 8 日提交给第 17 届南极环境保护委员会进行会间评议。2014 年 5 月初，经第 17 届南极环境保护委员会会议评议，第 37 届南极条约协商会议认定中国提交的综合环境影响评价结论合理，符合《关于环境保护的南极条约议定书》的有关规定，建议中国在充分吸取相关评论意见后，于新站正式开工建设之前，向南极条约协商会议提交综合环境影响评价的最终版本。②

　　2014 年 12 月 26 日至 2015 年 1 月 7 日，中国第 31 次南极考察队完成了新站区域地质勘查、恩克斯堡岛周边海域水下地形测绘、恩克斯堡岛环境调查、恩克斯堡岛拟建码头调查、恩克斯堡岛基础测绘等主要工作任务，进行了

① 　国家海洋局.2014 年度中国极地考察报告［Z］.北京：国家海洋局，2014：113.
② 　同上。

现场勘探、岩芯钻探取芯以及水文气象调查等工作，绘制了墨卡托投影大比例尺水深成果图和植物分布及密度示意图。[①] 极地办多次组织专家，就第 29 次南极考察以来获取的新站站址的地质、海岸、测绘、气象、海冰、水文、动植物等资料及数据进行了分析和总结，完成了《新建南极维多利亚地考察站阶段工作总结报告》。[②] 针对新站选址中提出的问题，在第 32 次南极考察中，进一步安排了相关现场考察工作。

2016 年 2 月 6 日，中国第 32 次南极考察队再次考察罗斯海地区，前往恩克斯堡岛及伍德湾等地进行多日地形、地质考察和海岸、历史遗迹考察，选址工作队测得 GPS 点 63 个，完成多个平地、湖泊的测绘工作，采集若干地质样品，拍摄了大量海岸和历史遗迹的第一手图片，并成功安装了 1 台新的自动气象站。[③] 按照国际惯例，新建考察站之前需进行持续多年的选址工作。此前中国已在罗斯海维多利亚地开展了 3 次现场选址工作，本次南极考察队将完成最后一次优化选址工作，为新站建设提出更多的选址方案。为新站建设提供实地参考意见是加快实施我国南极战略布局的重要举措。未来罗斯海应该逐渐成为我国南极活动的

---

① 国家海洋局.2015 年度中国极地考察报告［Z］.北京：国家海洋局，2015：68.
② 同上。
③ 杨舒.我国第五个南极考察站将选址罗斯海［N］.光明日报，2016 - 02 - 18（6）.

主要区域。随后，国家海洋局对外宣布，我国第 5 个南极考察站将选址南极罗斯海。①

2016 年 11 月 2 日至 2017 年 4 月 11 日，中国第 33 次南极考察队全面完成罗斯海新建南极考察站选址现场考察工作。2017 年 2 月 13 日，随着海豚直升机载着多名科学家从恩克斯堡岛安全飞回"雪龙"号破冰船，中国第 33 次南极考察队在罗斯海区域为中国新建南极考察站的优化选址作业全部完成。②

2017 年 11 月 8 日至 2018 年 4 月 21 日，中国第 34 次南极考察队再次登陆罗斯海沿岸，这一次是要为新站建设奠基。罗斯海新站前期准备工程是本次南极考察的重要任务。2018 年 1 月中旬，"雪龙"号破冰船将建站工程机械和重型物资运输上岛，随即开始了新站临时建筑的建设。在短短 20 多天里，考察队连续施工，完成了考察站临时建筑和临时码头搭建等工作，实现了发电、海水淡化、通信等功能，为新站建设奠定基础。当地时间 2018 年 2 月 7 日下午，中国第 34 次南极考察队在南极维多利亚地恩克斯堡岛举行了简短而隆重的罗斯海新站选址奠基仪式。③ 在巨石

---

① 杨舒. 我国第五个南极考察站将选址罗斯海 [N]. 光明日报，2016 - 02 - 18 (6).
② 荣启涵. 新考察站选址完成，多名科学家从难言岛安全飞回"雪龙"船 [EB/OL]. (2017 - 02 - 15) [2020 - 11 - 30]. http：//www. ln. chinanews. com/news/2017/0215/31952. html.
③ 白国龙. 中国举行第五个南极科考站选址奠基仪式 [EB/OL]. (2018 - 02 - 07) [2020 - 12 - 07]. http：//www. xinhuanet. com/2018 - 02/07/ c_129808205. htm.

遍地、如同雪中戈壁的荒岛上，鲜艳的五星红旗迎着−20℃的呼啸寒风，在数十个集装箱拼接成的临时建筑前冉冉升起。国家海洋局有关负责人在奠基仪式上说，建设罗斯海新站是"雪龙探极"重大工程的重要任务之一，要科学规划使之具备"一站多能"的综合观监测能力。罗斯海区域是南极考察与研究历史最长的区域，也是南极国际治理热点。我国在此区域建设新站，是积极参与极地全球治理的务实举措，开启了新时代南极工作的新征程。① 新站完成奠基后，还进行了保护区划定、综合环境评价等工作，并于2019年正式开建。2022年，新站将全部建成，作为我国5个南极考察站中的第3个常年考察站，可以满足50人度夏、30人越冬需求。届时将具备在本区域开展地质、气象、陨石、海洋、生物、大气、冰川、地震、地磁、遥感、空间物理等科学调查的保障条件；满足度夏和越冬的管理、科考与后勤支撑人员的长期生活工作和医疗的需求，具备数据传送、远程实时监控和卫星通信、保障固定翼飞机和直升机作业等功能，成为中国"功能完整、设备先进、低碳环保、安全可靠、国际领先、人文创新"的现代化南极考察站。

---

① 白国龙. 中国举行第五个南极科考站选址奠基仪式［EB/OL］.（2018 − 02 − 07）［2020 − 12 − 07］. http：//www.xinhuanet.com/2018 − 02/07/c_129808205. htm.

第四节

"雪龙探极"启动实施：
新时代中国极地事业发展的新境界

　　"雪龙探极"工程是在党的十八大之后启动的，也是国家"十三五"规划的重要组成部分。南极、北极因其特殊的地理环境，在全球气候变化中起着极其重要的作用。南极、北极拥有丰富的资源和潜在的开发利用前景，开展极地资源潜力调查与环境观测是研究和应对全球气候变化、开发利用极地资源、参与国际治理的重要基础，建立长期、系统和网络化的综合观测与应用服务系统，具有重大的科学和现实意义。长期以来，南极、北极都是科学研究、生态环境保护、国际合作以及全球治理的焦点，中国作为一个负责任的大国，在新的时代背景下，必须为南极、北极的保护以及和平利用作出更大贡献。"雪龙探极"工程就是在这一历史背景下诞生的。通过实施"雪龙探极"工程，可以加快我国极地基础设施布局，增强对极地的观测和认知能力，保障极地考察向纵深发展，进一步拓展我国在极地活动的空间。

为了贯彻落实关于编制"十三五"规划的指示精神和统一部署，极地办自 2014 年 2 月就启动了《中国极地考察"十三五"发展规划》（以下简称《规划》）的相关工作，2014 年组织开展了《规划》的前期研究，编制了极地考察领域"十三五"规划的重大项目、重大工程和重大政策以及极地领域"十三五"海洋事业发展基本思路，也就是"雪龙探极"工程。在前期工作的基础上，2014 年 12 月 31 日，极地办组织召开了《规划》编制预备会，讨论了《规划》编制工作方案、编写大纲和相关时间安排及任务分工。[1]

2015 年 1 月 13 日，极地办组织召开了《规划》编制领导小组会议，宣布了领导小组的成立及其人员组成，并对《规划》大纲（草案）进行了讨论。会后，极地办根据会议指示精神编制了极地考察"十三五"发展规划编写工作进程安排，并发给各有关单位执行。2 月初，根据国家海洋局有关要求，极地办在已开展的《规划》编制工作的基础上，填报了拟以国家海洋局名义印发的专项规划编制工作方案。2—9 月，《规划》编写组完成了发展方向和重点研究报告、重大政策研究报告、重大项目（含极地专项）

---

[1] 国家海洋局. 2015 年度中国极地考察报告［Z］. 北京：国家海洋局，2015：67.

研究报告、重大工程研究报告、《规划》关键指标概要、加强海洋生态环境保护、修复促进海洋经济可持续发展（极地部分）、"雪龙探极"工程相关材料等报告，并征求了局属相关部门和专家的意见，初步形成了《中国极地考察"十三五"发展规划（初稿）》。[①]

　　2016年是"十三五"规划开局之年，1月22日，全国海洋工作会议在北京召开，会议明确了"十三五"时期海洋工作总体思路，部署了2016年主要工作任务，"雪龙探极"工程的推进，无疑是重点工作之一。"十三五"时期是我国推进海洋强国建设的关键时期。极地工作"十三五"的战略任务是在继续极地研究、科学认知极地的基础上，深入开展极地保护和利用研究：一是把国际极地事务重大问题弄清楚，深入研究南、北极在全球气候系统，以及全球政治和经济发展中的作用，为国际极地治理作出贡献。二是把极地的环境本底和气候变化趋势搞清楚，开展南、北极未来的气候动力学与生态系统响应预测研究，为应对全球气候变化和保护极地生态环境提供政策、措施等公共产品。三是围绕极地大气、海洋、冰盖、生态、日地相互作用和气候变化规律、南极天文等极地科学前沿问题深入开展科学研究，在预测全球气候变化和探索宇宙起源等重大问题上作出贡献。四是积极开展极地环境、生物基因和

[①]　国家海洋局.2015年度中国极地考察报告［Z］.北京：国家海洋局，2015：67.

北极航道等利用研究，科学认识极地环境与社会的脆弱性和恢复力，有效支撑南、北极可持续发展。①

2016 年 3 月 17 日，《中华人民共和国国民经济和社会发展第十三个五年规划纲要》发布，明确阐述了"雪龙探极"工程的目标和建设内容："在北极合作新建岸基观测站，在南极新建科考站，新建先进破冰船，提升南极航空能力，初步构建极地区域的陆-海-空观测平台。研发适用于极地环境的探测技术及装备，建立极地环境与资源潜力信息和业务化应用服务平台。"②

2016 年 10 月 25 日，"雪龙探极"重大工程报告编制工作会议在北京举行。会议围绕"雪龙探极"重大工程报告编制有关工作和极地工作发展方向等问题进行研讨。会议明确，在"十三五"期间，极地工作要尽快适应经济社会的快速发展，应对国内外形势的变化，满足国家重大战略的需要，以"雪龙探极"重大工程为契机，调动各方面的力量来做好极地工作。就下一步如何编制"雪龙探极"重大工程报告提出了明确要求：报告中的重要任务要紧密围绕国家战略需求和国际前沿技术设定，注重战略性和目的性，为回答国家关于极地战略、科学、经济、发展等问题提供有力支撑。与会代表积极谏言献策，提出了很多有

---

① 刘诗平."全面实施雪龙探极工程"：访国家海洋局副局长林山青 ［EB/OL］. (2016－11－02) ［2020－11－30］. http：//www. gov. cn/xinwen/2016-11/02/content_5127671. htm.
② 云行."十三五" 规划之海洋篇 ［J］卫星应用，2016（6）：24－25.

关"雪龙探极"重大工程报告编制和在极地领域未来发展的想法与建议，并对参与编写人员进行了明确。[①]

随着"雪龙探极"工程的实施，我国南极考察进入新境界，迈向国家战略需求、转向国产装备化、转向国际治理的"三个重要转变"思想开始指导考察实践行动。2018年10月，2018年中国极地科学学术年会在厦门召开，极地办再次强调，增强对极地的认知是人类和平与进步事业的需求所在，目前对极地认知不足，因此"雪龙"必须"探极"。其主要原因在于，极地在气候系统中占有至关重要的地位，对气候变化的影响和响应发挥着举足轻重的作用。由于观测研究的不足，加上极地的特殊性，导致对冰盖变化、大气-海洋-冰相互作用、极地与中低纬度气候相互作用等过程的机理认知不足，数值模式对极地系统许多关键过程的模拟能力有限，直接影响数值模式对极地和全球变化预测的准确性。秦为稼表示，应尽快加强极地观测技术研发能力，提高极地观测时空分辨率，发展新一代数值模式，对极地系统的认识逐步达到对中低纬度过程的认知水平，从而使气候模式对未来温度的预测在极区逐步收敛，减小预测的不确定性。除应对气候变化外，地球系统科学的极地认知也必须继续深入研究。国家在"十三五"期间

---

① 国家海洋局."雪龙探极"重大工程报告编制工作会议在北京举行［EB/OL］.（2016-10-28）［2020-12-10］. http：//www.gov.cn/xinwen/2016-10/28/content_5125548.htm.

规划了"雪龙探极"重大工程,将围绕对极地的认知,提高科研能力;围绕南、北极观测网建设,提升探索能力;围绕站船机建设,大力提升投送能力;围绕站、船相互之间通信系统建设,有效提高数据传输和实时监控能力;围绕应用系统建设,加强信息综合处理与应用能力。"雪龙探极"重大工程的核心思想,是提高科学观测的业务能力和提高极地科学研究活动的综合支撑能力。[①]

"雪龙探极"工程自 2016 年启动以来,取得了很大的成绩,目前仍在深入推进过程中。下面依据第 34 次和第 35 次南极考察简报,管窥"雪龙探极"工程启动以来取得的科学成就。

第 34 次南极考察围绕"雪龙探极"工程建设和南极环境业务化调查评估两大任务,取得了以下重要进展[②]。

(1)完成我国第 5 个南极考察站在罗斯海地区维多利亚地恩克斯堡岛的选址奠基与工程建设前期准备,为我国第 5 个南极考察站的建设迈出里程碑的一步。本次考察登陆原始荒凉的恩克斯堡岛,开展新站工程建设前期准备,将 3 台重型工程装备部署上岛,开展了站区勘察工作,完成了新站营地、道路、堆场和临时码头建设,并设置观测

---

① 刘诗平.雪龙探极:提升我国极地工作 5 大能力[EB/OL].(2018 - 10 - 11)[2021 - 01 - 08].http://www.xinhuanet.com/tech/2018 - 10/11/c_1123546683.htm.
② 张北辰.中国第 34 次南极科学考察简报[J].极地研究,2018,30(4):447 - 449.

小屋开展企鹅调查和栖息地环境监测。

（2）实施南极海洋和陆地环境业务化考察，开辟罗斯海和阿蒙森海 2 个新的调查海域。围绕南极海洋和陆地环境，本次考察实施了 23 项业务化调查任务，海洋环境调查开辟了 2 个新的调查海域，在南极普里兹湾、罗斯海、阿蒙森海及沿"雪龙"号破冰船航线，围绕国际关注的海洋微塑料、人工放射性核素、碳循环与海洋酸化、重要水团与环流、海洋生态系统等问题开展了业务化调查。在南极海域检测出微塑料，未检测出人工放射性核素，揭示了人为因素造成的塑料污染已经远达南大洋；开展了阿蒙森海环境调查，覆盖海域 530 000 平方千米，精密勘察海底地形 1 800 平方千米，在西经 126°经线上建立了一条我国南极纬度跨度最大（1 420 千米）的全深度海洋调查断面，有助于完整揭示绕极深层水上涌和向陆架入侵过程，为西南极冰架加速融化提供了直接观测证据。本次考察实施了罗斯海环境调查，覆盖海域 100 000 平方千米，精密勘察海底地形 6 000 平方千米。本次考察在南极长城站和中山站等地区完成了气象、大气、海洋、生态、地球物理、空间物理观测以及冰川、冰架和地质调查等 33 项陆地环境调查科考任务。

（3）"雪鹰 601"号固定翼飞机首次投入业务化应用，完成南极第三大冰架——埃默里冰架航空遥感调查。"雪鹰 601"号固定翼飞机执行航空调查、国际合作、后勤保障任务，开展伊丽莎白公主地冰盖/冰架调查飞行 21 架次，总测线航程超过 45 000 千米，覆盖东南极冰架系统、冰下山脉、冰下湖泊以及深部峡谷系统等，获取了埃默里冰架高质量的航空冰雷达、航空重力和航空磁力数据。我国科研人员揭示了绕东南极伊丽莎白公主地冰下湖的特征，观测显示冰下湖区域具有明显的地热通量异常。

（4）与新西兰合作，在南极阿代尔角实施保护南极百年历史遗址的修复工程。为修复人类在南极大陆建造的最早建筑之一，中国方面与新西兰合作在阿代尔角建立了临时营地，合作完成保护南极重要历史文化遗址，积极履行了作为南极条约协商国，保护南极环境和历史遗址的责任与义务。

第 35 次南极考察围绕"雪龙探极"工程建设和南极环境业务化调查评估两大任务，取得了以下重要进展。[①]

（1）在泰山站建成我国南极首个雪下工程，我国内陆考察保障和支撑能力取得新突破。考察队在泰山站新建我国南极首个 279.8 平方米的雪下工程建筑，完成站区能源供给、取暖保温、融雪供水及污水处理、消防监控等系统的建设和集成，初步建成了极端气候环境下南极内陆风能-太阳能组成的新能源系统，取得光伏电池、风力机组、低温部件、特种材料的关键技术突破，对新能源在我国南极

---

① 李丙瑞.中国第 35 次南极科学考察简报［J］.极地研究，2019，31（3）：364 - 367.

考察站的推广应用具有重要价值。

（2）首次于阿蒙森海东区开展综合调查，发现可能存在磷虾繁殖地等成果。考察队首次在阿蒙森海东区实施多学科综合调查，在罗斯海和阿蒙森海海域总计实施6个断面19个站位的综合调查，对罗斯海和阿蒙森海东侧海域夏季海洋的基本特征、生态环境等有了基本了解。考察队初步发现阿蒙森海东侧彼得一世岛周边有大量的海豹群，总数在500只以上，可能存在磷虾繁殖地，为帮助科学界探寻南极磷虾繁殖地之谜提供了重要线索；考察队首次成功应用我国自主研发的痕量金属采集方法，初步探明阿蒙森海浮游植物生物量总体低于罗斯海，但在特殊海域生物量很高，浮游植物对铁的响应高于罗斯海。

（3）"雪鹰601"号固定翼飞机开展关键区域科考飞行，发现可能获取最古老冰芯的新区域，航空保障能力显著提高。"雪鹰601"号固定翼飞机成功完成东南极冰盖冰脊B地区探测，发现冰盖深部完好保存了超过100万年的连续冰层结构，冰脊B地区成为最有可能获取150万年冰芯气候环境记录的新区域。中国科学家首次成功完成空投海洋温盐深剖面仪试验，使我国成为少数几个掌握此项技术的国家，为南大洋冰区海洋观测提供关键技术手段。中山站冰盖机场雪面跑道完成建设并投入试运行，实现"雪鹰601"号固定翼飞机的平稳起降。中国科学家成功获取中山站附近蓝冰区域航空遥感和现场勘查数据，为我国未来在南极建设满足大飞机起降条件的洲际航空机场奠定重要基础。"雪鹰601"号固定翼飞机6次成功起降泰山站，再次成功起降昆仑站，代表我国已具备独立的内陆后勤业务保障飞行能力。

（4）基础研究和核心技术研发取得一批新突破，正重塑我国南极考察优势学科和前沿领域格局。

① 在西风带关键海域成功布放我国首套、全球第3套观测浮标，标志着我国在极端环境下的浮标技术达到国际领先水平，显著提高我国南大洋海-气相互作用观测能力。

② 首次在罗斯海进行了我国自主研制的极地水下机器人试验，并获得成功，这为南大洋综合调查提供了重要技术和装备支撑，极大提升我国南大洋综合观测能力。

③ 在中山站完成我国首台极区中高层大气激光雷达安装并投入运行，实现我国南极中高层大气三维风场和温度昼夜连续观测，填补了极隙区相关观测的国际空白，有效提高对极区大气空间环境的探测能力。

④ 我国自主研制的极地冰盖及冰下基岩钻探装备首次在南极试验应用，成功获取南极冰芯样品和岩芯样品，使我国成为世界第三个拥有冰下基岩钻探核心技术和装备的国家，大大促进极地冰盖演化、冰下环境和地质等前沿科学的发展。

⑤ 首次在中山站—昆仑站冰盖断面开展高精度地面绝对重力观测，获取10余个点位观测值，这有助于加深人们

对南极地质和冰盖结构的认识。

⑥ 首次在昆仑站安装太阳多色望远镜，利用昆仑站高纬度、大气透明度好的优势，实现 24 小时连续太阳活动观测，为加深理解日地关系奠定了观测基础。

⑦ 新一代南极长城站地震台完成改建并运行。改建后，地震台有远程实时监控能力和数据传输功能，将有效提升我国在南极的地震监测能力。

"雪龙 2"号破冰船的入列，是 2019 年我国第 36 次南极考察最鲜明的成果，也是吸引全世界关注的主要亮点，更向国际社会展示了"双龙探极"的中国力量。"雪龙 2"号破冰船在南极破冰开道，大显身手。据《中国海洋报》报道：2019 年 11 月 19 日，中国南极考察船队相距拉斯曼丘陵尚有 200 千米，已进入普里兹湾外围密集浮冰区，厚度超 1 米的巨大冰块成为船队前往中山站的第一个"拦路虎"。"雪龙"号破冰船面对前方几乎望不到边际的高密度浮冰阻挡，行进十分吃力。它的航速已降至 3 节，并不时调整航向，试图寻找薄弱处破冰前行。这是"雪龙"号破冰船多年来极地冰区行进中常见的一幕。但今非昔比，"雪龙"号破冰船不再孤军奋战。在相距"雪龙"号破冰船 1 海里处，另一个红色身影始终相伴，那正是新入伍的破冰生力军"雪龙 2"号破冰船，此时此刻它正在发力，意在尽快赶上"雪龙"号破冰船为其破冰开道。面对篮球场大小的密集浮冰区，"雪龙 2"号破冰船毫不避让，冲击碾压，所向披靡；当遇到多层叠加的大面积冰墙阻挡，"雪龙2"号破冰船则使出艏艉双向破冰绝技，灵活调整方向，毫不减速，继续前进。"雪龙2"号破冰船在完成冰中转向、移位和调头等作业时，显得胸有成竹，得心应手。谈笑间，"雪龙2"号破冰船已经赶在前面，而"雪龙"号破冰船跟随其后，航道畅通无阻。这就是"双龙探极"首度合作的真实写照。为了替"雪龙"号破冰船拓宽航道，"雪龙2"号破冰船多次发挥双向破冰和原地360°自由旋转破冰的功能优势。在积极为伙伴打通航道的同时，"雪龙2"号破冰船也完成了自身实验性破冰任务，一举两得，实在是干得漂亮。以往"雪龙"号破冰船拼老命得走7~8天甚至10多天的这段航程，如今3~4天就已到达预定位置。北京时间2019年11月22日，船队已经抵达中山站陆缘外围的固定冰区（冰层稳定坚实，直至陆岸），"雪龙"号破冰船上各部门启动吊车，打开舱门，摆开架势，发挥其装卸功能优势，积极准备展开冰上物资卸运。上午，"雪鹰12"号直升机从"雪龙"号破冰船直接起吊，飞向中山站，正式拉开了卸货序幕。与此同时，"雪龙2"号破冰船正朝神州湾方向默默开始了新的破冰之行。11月23日，4辆雪地车拉着8架雪橇，排成一列，从"雪龙"号破冰船出发，浩浩荡荡，朝向10千米外的中山站进发……我国第36次南极考察期间，"雪龙"号与"雪龙2"号紧密配合，安全高效地完成冰区航程，使船队得以从容展开经陆缘冰向中山站卸运物资器材的任务，并圆满成功。① 此次"雪龙2"号破冰船初试牛刀，经受了实践检验，成绩斐然，这预示着"双龙探极"在后续我国极地考察中，必将发挥其现代化先进装备的强大功能，确保我国极地科学家们取得更为辉煌的科学研究成果，并有力助推我国极地事业蒸蒸日上，走在世界前列。

---

① 王自磐."双龙探极"助推中国迈向极地强国［J］.科学24小时，2020（2）：4-7.

第六章

和平发展：
中国极地事业发展的历史经验

开展极地科学考察、发展极地事业、和平利用极地为人类发展服务，是国际社会的共识和努力的方向。中国极地事业的发端可以追溯到 1957 年的 IGY 活动，尽管中国政府在 1964 年就已经将"南、北极海洋考察工作"纳入议事日程，但中国极地事业的真正起步还是在改革开放以后。从 1984 年组织开展第一次南极考察开始，中国极地事业从无到有，从小到大，由弱变强，在极地考察能力、极地科学研究、极地治理国际合作等方面，取得了国际公认的成就，为人类和平利用极地作出了重大贡献。目前，对中国极地事业发展成就和贡献的总结比较多，而对中国极地事业发展成就和贡献背后深层原因的分析，还有待进一步深入。

党中央的正确领导是中国极地事业发展壮大的根本保证

与传统极地大国相比，我国极地事业的起步较晚，但发展很快，成就与贡献突出，这主要得益于党中央的高度重视和正确决策，可以概括为以下三个方面。

（1）党和国家领导人高度重视极地事业。改革开放以后，中国极地事业就是在党和国家领导人的高度重视下开创的。1984年10月15日，在中国第一次南极考察队即将出征前夕，邓小平同志专门为中国南极事业题词："为人类和平利用南极做出贡献"，为中国南极考察事业的发展指明了方向。1989年2月26日，中国南极中山站建成，在此之前，邓小平欣然为其题写站名。正是在邓小平等党和国家领导人的高度重视下，中国极地事业能够在改革开放之初顺利起步，而且是在一个较高的水平上创建起来。正如南极委主任武衡所言，中国的极地考察起步晚，起点一定要高。进入 20 世纪 90 年代，极地事业受到党和国家领导人的高度关注，1998 年 1 月，江泽民题写了"中国南极长城站"站名。2004 年 7 月 28 日，中国北极黄河站正式落成并投入运行，胡锦涛致信祝贺。2009 年 1 月，中国南极昆仑站建成，胡锦涛再次代表党中央、国务院对中国南极昆仑站的建成表示热烈的祝贺，并在昆仑站建站一周年之际，题写了"中国南极昆仑站"站名。2014 年 2 月 8 日，中国南极泰山站建成，习近平致信表示热烈祝贺。2014 年 11 月18 日，正在澳大利亚访问的中共中央总书记、国家主席习近平视察了停靠在霍巴特港的"雪龙"号破冰船并慰问南极考察队队员。习近平充分肯定了中国极地考察 30 年来取得的成绩，指出要抓住机遇，大力发展好极地考察事业，更好地认识南极、保护南极、利用南极。历任党和国家领导人对极地事业的高度重视和关心，是中国极地事业发展壮大的重要保障。[①]

（2）将极地事业纳入国家战略，是中国极地事业发展壮大的重要经验。从中国极地事业开创之日起，国家就将其纳入国家战略，从国家战略的角度高度统筹安排极地事业的发展。极地事业起步时，设立了直接隶属于国务院领导的南极委，由它协调各个部门共同推进这一开创性的工作。后来，随着中国极地事业步入正轨，极地事业的具体

---

① 国家海洋局. 2015 年度中国极地考察报告［Z］. 北京：国家海洋局，2015：6.

开展调整为由国家海洋局（十九大后调整为自然资源部）统一管理，但事关极地事业的重大战略决策都是的党中央、国务院部署作出的。比如，中国南极长城站、中山站、昆仑站、泰山站以及正在建设的罗斯海新站，都是党中央、国务院根据我国南极考察事业发展的需要，在不同历史时期作出的重大决策部署。20 世纪 90 年代初添置改装"雪龙"号破冰船，进入 21 世纪之后决策自主建造"雪龙 2"号破冰船，都是国家重点工程，为中国极地事业的发展奠定了坚实基础。1999 年，党中央审时度势，决定开展北极科考事业，将北极科学考察纳入国家战略，并建立中国北极黄河站，进一步完善了我国极地事业的布局。党中央还将极地事业发展与国家中长期发展规划的编制紧密结合，把极地事业的发展纳入国家中长期发展规划之中，保证了中国极地事业的持续稳定快速发展。比如，从 20 世纪 80 年代起，国家就将极地事业的发展纳入国民经济和社会发展五年规划的制定之中，特别是 21 世纪以来，南北极环境综合考察与评估等重大极地专项的实施，极大促进了中国极地事业发展水平。当前，以习近平同志为核心的党中央高度重视极地事业，启动实施了"雪龙探极"工程，这是一项功在当代、利泽千秋的伟大工程，是迈向极地强国的新征途。此外，国家还高度重视极地立法工作，出台一系列有关极地的法律法规，为中国极地事业的健康发展奠定了坚实的法律基础。2015 年 7 月 1 日施行的新《国家安全法》明确将极地安全列为国家安全的重要内容，这是党中央在新的形势下从战略上给予极地事业发展的新定位与新目标，具有重大战略意义。

（3）科学制订极地事业发展规划，量力而行，稳步推进，坚持事业发展与科学研究并重是中国极地事业发展的宝贵经验。2017年5月22日中国政府发布的《中国的南极事业》和2018年1月26日发布的《中国的北极政策》，全面反映了中国极地事业的国家主张、基本方略、政策措施和具体实施过程，从中可以看出，务实是中国极地事业发展的一大特点。首先，中国奉行和平利用极地为全人类服务的原则，没有在极地考察上搞竞赛，注重维护极地和平、安全与保护极地环境。其次，中国极地事业发展始终把极地科学研究放在首位，注重科学研究成果为国家战略服务，并惠及国际社会。虽然中国极地事业起步较晚，但由于措施得当，我国在极地科学研究上也走在世界前列，在地球物理学、南极深冰芯研究、南大洋磷虾研究等不少领域处于国际领先水平，受到国际学术界的充分肯定。再次，在极地事业的具体实施上，适当前瞻，科学谋划，制订极地事业中长期发展规划，确保极地事业和科学研究取得实际成果。最后，中国高度重视参与国际极地事务，一方面积极参与各类极地组织如南极条约组织、《南极海洋生物资源养护公约》、IASC等有影响力的国际组织，发出中国声音，提出中国主张，参与国际治理，维护极地国际秩序；另一方面，极地事业是为全人类谋福祉的事业，离不开国际合作，国际化要求很高。为此，中国积极与其他国家开展合作与交流，特别是开展科研合作交流，请进来走出去，参与或举办极地领域高水平国际会议，有力促进了我国极地科学研究能力的提升。

第二节

新时代海洋强国战略为中国极地事业的发展壮大指明了方向

党的十八大以来，以习近平同志为核心的党中央高度重视海洋事业、极地事业，党的十九大报告明确提出建设"海洋强国"的宏伟目标，"雪龙探极"工程适时启动，中国极地事业在新的历史起点上，正朝着迈向极地强国的目标大步前进。

党的十八大以来，习近平总书记非常关心我国极地事业的发展，多次就我国极地事业发展重要节点和重要成就发出慰问和祝贺，多次对我国极地事业发展方向作出指示和批示。2013 年 6 月 21 日，南极传统节日仲冬节来临之际，习近平对中国南极长城站、中山站及各国南极考察站发去慰问电，对所有在南极工作的科技人员表示慰问，对他们取得的成就表示祝贺，并提出了殷切的希望。慰问电全文如下。①

中国南极长城站、中山站并各国南极考察站：

　　值此南极仲冬节之际，我谨代表中国政府和人民，并以我个人名义，向辛勤工作、顽强拼搏在南极漫长极夜中的中国南极长城站、中山站的全体考察队员以及在南极地区工作的各国科学家和工程技术人员致以诚挚的问候，祝仲冬节快乐！

　　几百年来，人类对南极洲的认识经历了从探险时代向科学考察时代的重大转变。随着科学技术迅猛发展，许多国家科技工作者战风斗雪，以坚忍不拔的毅力在这片神奇大陆上开展大范围、多学科、系统化的综合科学考察工作，取得了众多高水平的研究成果。科学考察实践证明，南极地区已不再是游离于人类社会文明之外的神秘冰雪世界，南极地区在应对全球气候变化、促进人类社会可持续发展等方面所起的重要作用，越来越被人们所认识，已成为与我们息息相关的重要区域。开展海洋和极地考察、探索地球科学奥秘具有重大现实意义。

　　中国极地考察工作走过了近30个春秋，中国极地考察工作者同各国极地工作者携手合作，取得了许多具有重大科学价值的成果，丰富了人类对极地的认识。

---

① 新华社. 习近平就南极仲冬节致慰问电［EB/OL］.（2013－06－22）［2020－01－18］. http：//cpc. people. cn/big5/n/2013/0622/c64387-21936913. html.

衷心祝贺各国科学工作者在极地科学研究领域取得的丰硕成果。希望大家加强交流合作、共同拼搏奋斗，努力为人类和平利用南极作出新的更大贡献！

最后，祝身体健康、工作顺利！

中华人民共和国主席习近平

2013 年 6 月 21 日

2013 年 11 月 28 日，俄罗斯"绍卡利斯基院士"号科学考察船从新西兰出发前往南极。12 月 24 日，该船被暴风雪困在距离澳大利亚最南端塔斯马尼亚岛以南大约 2 700 千米的浮冰密集区。我国"雪龙"号破冰船 12 月 25 日接到澳大利亚方面的电话，得知"绍卡利斯基院士"号科学考察船被浮冰困住，急需救援。同时收到这艘船发来的最高等级海上求救信号。北京时间 2014 年 1 月 2 日 19 时 30 分，我国南极考察队暨"雪龙"号破冰船在澳大利亚"南极光"号破冰船的配合下，成功营救在南极遇险的"绍卡利斯基院士"号科学考察船上的 52 名乘客。"雪龙"号破冰船准备撤离浮冰区继续执行后续考察任务时，所在地区受强大气旋影响浮冰范围迅速扩大，造成"雪龙"号破冰船及船上 101 名人员被困。"雪龙"号破冰船受阻后，党中央、国务院高度重视，习近平总书记立即作出重要指示。他指出，我国南极考察队暨"雪龙"号破冰船在极其困难的条件下，冒着极大风险，成功完成对遇险俄罗斯籍科学考察船的救援行动，为祖国和人民争得了荣誉，请向同志们致敬，并转达我对他们的诚挚慰问。习近平要求各有关方面协调配合，指导帮助他们脱困，确保人员安全。他表示，祖国人民同他们在一起，希望他们保重身体、坚定信心、沉着应对、科学施策，争取早日平安返回。北京时间2014年1月7日18时30分，在南极遇冰受阻的"雪龙"号，抓住风向转变的有利时机，经过超14小时的努力，成功冲出厚重的浮冰密集区，胜利突围。澳大利亚海事局于1月7日特发感谢状，对中国政府、"雪龙"号破冰船、"雪鹰12"号固定翼直升机成功营救在南极遇险的俄罗斯"绍卡利斯基院士"号科学考察船上的52名被困人员表示衷心感谢。① 澳方表示，澳大利亚、中国合作救援行动进一步表明两国及国际社会开展密切合作的重要性。

2014年2月8日，经过中国南极考察队的顽强奋战，中国南极泰山站胜利竣工建成。习近平总书记发去贺信，贺信中说："中国南极泰山站的建成，为我国科学家开展长期持续的南极科学考察研究提供了良好条件，有利于拓展我国南极考察的领域和范围、拓展我国海洋事业发展的战略空间"。

2014年11月，国家主席习近平应邀赴澳大利亚访问，恰在此时，"雪龙"号破冰船开赴南极途中停靠澳大利亚霍

---

① 新华社.雪龙号成功驶出重冰区　澳感谢其救援俄籍科考船［EB/OL］.（2014 - 01 - 08）［2020 - 01 - 18］. http：//scitech. people. com. cn/n/2014/0108/c1007-24053870. html.

巴特港补给。11月18日，习近平登上"雪龙"号破冰船考察并慰问考察队人员。习近平指出，南极科学考察意义重大，是造福人类的崇高事业。中国开展南极考察为人类和平利用南极作出了贡献。中方愿意继续同澳方及国际社会一道，更好地认识南极、保护南极、利用南极。[①]

2017年1月18日，习近平在联合国日内瓦总部发表了题为《共同构建人类命运共同体》的主旨演讲时指出："要秉持和平、主权、普惠、共治原则，把深海、极地、外空、互联网等领域打造成各方合作的新疆域，而不是相互博弈的竞技场。"[②]

2018年7月25日，国家主席习近平应邀出席在南非约翰内斯堡举行的金砖国家工商论坛，并发表题为《顺应时代潮流实现共同发展》的重要讲话。他指出："不管是创新、贸易投资、知识产权保护等问题，还是网络、外空、极地等新疆域，在制定新规则时都要充分听取新兴市场国家和发展中国家意见，反映他们的利益和诉求，确保他们的发展空间。"中国一如既往地高举和平、友好、合作的旗帜，踊跃参与各种国际极地事务。中国认真履行相应的责任和义务，从维护国际社会的共同利益出发，广泛与有关

① 新华社. 习近平慰问中澳南极科考人员并考察中国"雪龙"号科考船 [EB/OL]. (2014-11-18) [2019-01-20]. http://news.cntv.cn/2014/11/18/ARTI1416304431069393.shtml.
② 新华社. 习近平主席在联合国日内瓦总部的演讲（全文）[EB/OL]. (2017-01-19) [2021-01-20]. http://www.xinhuanet.com/2017-01/19/c_1120340081.htm.

国家开展极地合作并发挥积极作用。

正是在以习近平同志为核心的党中央的高度重视和亲切关怀下，中国极地事业正在新的历史起点上朝着建设极地强国的目标迈进，"雪龙探极"工程顺利实施，一批有影响力的科研成果陆续涌现，我国自主建造的"雪龙2"号破冰船于2019年顺利下水并成功首航南极，实现"双龙探极"的历史性突破。2017年5月22日，中国政府发布《中国的南极事业》白皮书；2018年1月26日，中国政府发布《中国的北极政策》白皮书。这两个白皮书阐明了中国在极地问题上的基本立场，阐释了中国参与极地事务的政策目标、基本原则和主要政策主张，为中国极地事业的发展提供了基本遵循，也为世界极地事业的发展提供了借鉴。

第三节

综合国力不断增强是中国极地事业发展壮大的坚强后盾

　　极地考察是一项功在当代、利在千秋，关系到中华民族的长远利益和战略发展的伟大事业。同时，极地考察也是一项高投入、高技术、高风险、高关注的事业，是全方位展示国家综合实力的舞台。中国极地事业从无到有，从有到大，从大到强，国际影响力日渐增强。这一发展过程本身就是对新中国 70 余年发展成就、国际地位和综合国力不断提升的最好注解。

一、不断加强人力财力物力支持

　　国家经济实力和综合国力的增强，为极地事业发展提供了雄厚的物质与人才支持。近年来，国家大力支持开展极地考察活动，自 2003 年以来，中国极地研究中心共组织实施和安全保障了 18 次南极考察、10 次北极考察、年度北极黄河站考察和中冰联合北极考察。随着极地考察活动越来越频繁多次地开展起来，相关部门更加积极地推进极地科学考察破冰船项目。

从 1985 年建立长城站起，我国已经初步建成南极考察基础设施体系，建成涵盖空基、岸基、船基、海基、冰基、海床基的国家南极观测网和"一船四站一基地"的南极考察保障平台，基本满足南极考察活动的综合保障需求。

2017 年，第 40 届南极条约协商会议召开前夕，国家海洋局于 5 月 22 日发布《中国的南极事业》，这是我国政府首次发布白皮书性质的南极事业发展报告。《中国的南极事业》显示，2001—2016 年南极科研项目投入约达 3.1 亿元，是 1985—2000 年的 18 倍。我国初步建立一支门类齐全、体系完备、基本稳定的科研队伍，在南极冰川学等领域取得一批突破性成果，并推动南极科学研究由单一学科研究向跨学科综合研究发展。我国科学家在南极科研领域发表的《科学引文索引》论文数量逐年上升，目前位居全球前10 位。今后随着社会综合水平的提高，将会有更多的资源和人才投入到极地事业的发展中。

一直以来，中国极地事业的发展都得到了社会各界的高度关注和大力支持。在中国极地事业起步阶段，极地事业一开始就受到举国上下的关注，得到了海内外各界的支持，"全国人民、港澳同胞、海外侨胞和各民主党派、群众团体、部队院校、厂矿企业、驻外使馆，都给予热情的支持。他们从各种渠道以不同的形式鼓励中国南极考察健儿到南极洲去建功立业，振兴中华，为国争光。"一直到现在，每年10月间"雪龙"号破冰船出征南极之际，都受到人们的高度关注。而每次出征的考察队员，也是来自全国各个不同领域的科研人员和保障支撑力量。可以说，动员海内外一切力量，大力协同，共同推进中国极地事业的发展，是一条宝贵的历史经验。

二、不断加强保障能力建设

在国家海洋局等相关机构的支持下，极地考察能力建设持续推进，考察管理和后勤保障水平不断提升，目前我国已跻身极地考察大国行列，形成"两船、六站、一飞机、一基地"的支撑保障格局。在破冰船能力方面，现拥有"雪龙"号和"雪龙2"号两艘极地科学考察破冰船。"雪龙"号破冰船经过3次大规模改造，船舶安全运行、科学调查能力和环保水平显著提升。在极区航空保障能力方面，购置了固定翼飞机"雪鹰601"号。2018年1月，"雪鹰601"号固定翼飞机成功降落在南极昆仑站机场，具备可覆盖南极冰盖最高点区域的航空保障能力。此外，为提高船载直升机保障能力，还为"雪龙"号破冰船配备了Ka-32重型直升机"雪鹰102"号，为"雪龙2"号破冰船配备了AW169中型直升机"雪鹰301"号。在国内保障能力方面，于长江口沿岸建立了中国极地考察国内基地，建成了考察船专用码头、考察物资堆场与仓库、国家极地档案馆业务楼。

与此同时，有关极地政策、科研、后勤及考察培训等方面的针对性落实工作得到持续开展，极地立法、战略、规划等方面的研究取得了长足进展，南极立法研究工作进一步深入。2015 年 7 月 1 日施行的新《国家安全法》明确将极地安全列为国家安全的重要内容①，《极地考察突发事件总体应急预案》等一批与极地工作相关的重要管理规定相继出台，提高了科学管理水平。

三、不断优化极地考察站布局

中国的极地考察站是科学家开展极地考察研究的大本营。科学家以极地考察站为中心，正在逐步扩大研究范围。他们从根本上来说是为人类和平利用南极作出贡献。

目前我国已在南极大陆建成长城站、中山站、昆仑站和泰山站 4 个考察站，以及正在建设的第 5 个考察站。1985 年 2 月 20 日，中国在位于西南极的乔治王岛建立了第 1 个南极考察站——长城站，1989 年 2 月 26 日，中国在东南极大陆拉斯曼丘陵建立了中山站。这两个站均位于南极大陆边缘，南接大陆冰盖，北邻南大洋。随着我国综合实力的提升，中国逐步具备到南极大陆的核心地带建立考察

---

① 国家海洋局.2015 年度中国极地考察报告［Z］.北京：国家海洋局，2015：3.

站的能力。2009年1月27日，在位于南极大陆的高峰、海拔4 087米处，通过科考人艰苦卓绝的努力，终于建成昆仑站，昆仑站也是南极海拔最高的极地考察站。泰山站是中国在南极建设的第4个考察站，于2014年2月8日建成，该站位于中山站与昆仑站之间的伊丽莎白公主地，在海拔高度上与昆仑站遥相呼应，同时能覆盖格罗夫山等南极关键科考区域。泰山站距离中山站522千米，海拔高度2 621米，年平均温度−36.6℃，可满足20人度夏考察生活，总建筑面积1 000平方米，使用寿命15年，配有固定翼飞机冰雪跑道，是一个南极内陆考察夏季站。

在科学研究方面，目前4个站各有千秋：位于西南极的长城站区域生态系统活跃，更适合开展亚南极生态监测和研究；中山站位于东南极，是观测研究南极冰盖演化过程、南极冰架海洋相互作用的理想之地，也是开展高空物理、地质学、地球物理等学科工作的优良位置；地处南极冰盖最高点冰穹A地区的昆仑站，则汇聚了冰芯科学、大气科学和天文学等学科的前沿领域；泰山站不仅是昆仑站科学考察的前沿支撑，还是南极格罗夫山考察的重要支撑平台。①

2017年11月8日，随着中国第34次南极考察活动的开始，中国在南极大陆建设第5个考察站的准备工作也就

---

① 我国为何要建第五个南极考察站［N］.科技日报，2017−11−09（7）.

此拉开帷幕。经过长时间调研和讨论，第5个考察站选址最终锁定在罗斯海沿岸的维多利亚地恩克斯堡岛。与我国现有的4个考察站所处区域不同，罗斯海区域独特的地理位置具备强烈的差异化科考价值，中国第5个南极考察站预计将在2022年完工。之后作为一个常年考察站，将与我国南极已有的长城站和中山站2个常年考察站一起，覆盖南大西洋、南印度洋以及南太平洋等南大洋各个扇区，进一步推动我国的南极科学考察，为人类认知、保护和利用南极作出更大贡献。

中国在北极建造的两个考察站，也为考察与科学研究工作提供了有力支持。2004年7月28日，中国的第一个北极考察站黄河站在斯瓦尔巴群岛的新奥尔松建立。和比邻而居的十几个外国考察站组成了一个国际北极科学合作的大家庭。2018年10月18日，我国第2个北极考察站中-冰北极科学考察站正式运行。该考察站由我国和冰岛共同筹建，历时5年，是我国科学家开展北极环境、气候变化长期监测研究的重要基础设施。

中国除了这些固定的极地考察站以外，"雪龙"号破冰船实际上是一个流动的极地考察站。它穿行于南、北极之间，在北冰洋、太平洋、大西洋、印度洋中航行，监测着海洋、大气、生物和环境的变化。此外，近年来国家还实施了长城站、中山站改扩建，不断提升改进考察站的保障能力。

四、不断加强对极地科学研究的支持力度

在极地领域科学研究方面，国家持续有序组织并推进有关极地地球科学、生命科学、物理科学等方面的研究；开展一系列有关极地保护和极地活动管理的社会科学研究；不断深化极地专项，细致梳理并有效集成了"南极周边海域环境综合考察与评估""南极大陆环境综合考察与评估""北极环境综合考察与评估"以及"极地国家利益战略评估"等方面的成果。① 自 2006 年以来，自然资源部海洋发展战略研究所组织编写了关于中国海洋发展的系列年度研究报告。报告立足全面论述每年中国海洋事业发展的国际和国内环境、海洋战略与政策、法律与权益、经济与科技、资源与环境等方面的理论与实践问题，客观评价海洋在实现"两个一百年"、实施可持续发展战略中的作用，系统梳理国内外海洋事务的发展现状，是极地研究工作的系统成果。

作为我国极地科学研究的主要力量，自 1989 年成立以来，中国极地研究中心致力于科学研究，注重学科建设。在成立之初的极地冰川、空间物理和生物生态学等学科基础上，进一步发展了极地海洋学、南极天文学两个特色学科，并建立极地战略研究室，推动了我国极地人文社会科学发展。与此同时，中国极地研究中心稳步推进创新基地

---

① 国家海洋局.2015 年度中国极地考察报告［Z］.北京：国家海洋局，2015：3.

建设发展，先后建立了国家海洋局极地科学重点实验室、南极中山雪冰和空间特殊环境与灾害国家野外科学观测研究站、南极长城极地生态国家野外科学观测研究站。2019年，国家极地科学数据中心成为首批 20 个国家科学数据中心之一。

新时代下，国家坚持战略导向、任务导向和科技导向，统筹推进科学研究、考察业务和支撑保障的协同发展，突出交叉和融合，不断强化国际交流合作，更加注重人才和项目支持相统一，大力弘扬科学精神，倡导优良学风和作风，加大科学传播力度，着力培育良好的科研生态环境。这些战略指导将更好地发挥极地考察工作对科学研究的支撑作用。

五、弘扬南极精神是中国极地事业发展壮大的精神动力

中国极地事业取得的巨大成就，与中国极地工作者的努力奋斗是密不可分的。极地地处蛮荒，自然条件极其恶劣。那么中国人为什么能凭借简陋的设备，冒着生命危险，一次次来到这里？究竟是一种什么样的动力和精神，支撑着中国极地科考者呢？这里，就必须谈到极地人的伟大精神——南极精神。

中国极地事业是从南极事业开始的。早在中国南极事业开创之初，就形成了宝贵的南极精神，并激励一代又一代极地人奋勇前行。早在 1984 年第一次南极考察队出发前

的准备阶段，中共首次队临时委员会就提出要把这支队伍建成有理想、守纪律、勇于拼搏的战斗集体。在考察实施阶段，又开展了"讲理想，为国争光；讲精神，顽强拼搏；讲大局，和衷共济；讲科学，求真务实"的教育。随着考察实践的深入，这一教育的内容不断得到充实和发展。首次队则进一步把"理想、纪律、拼搏"概括成南极精神。由此可见，南极精神是在首次南极考察的实践中产生、形成的，并在中国首次南极考察的成功实践中发挥了凝聚人心、鼓舞士气的重要作用。

1985 年 4 月 10 日，中国首次南极考察队胜利归来。5 月 6 日，党中央、国务院在中南海怀仁堂举行了隆重的庆功授奖大会，李鹏代表党中央、国务院出席并讲话。1985 年中共中央理论刊物《红旗》杂志第 10 期发表了题为《南极精神颂》的社论，首次对南极精神做出全面而深刻的阐释。

《南极精神颂》指出，"我们的时代，我们的人民需要南极精神。提倡和发扬这种精神，必将进一步激励我国人民在四化建设中披荆斩棘，开拓前进。南极精神，就是不畏艰险、不怕牺牲、忘我献身的革命英雄主义精神。……就是遵守纪律、团结一致、齐心协力的集体主义精神。……就是脚踏实地、一丝不苟、严肃认真的科学求实精神。……就是发愤图强、立志振兴中华的爱国主义精神。"由此可见，《红旗》杂志将南极精神的丰富内涵和内容概括为"革命英雄主义精神、集体主义精神、科学求实精神、爱国主义精神"四者的有机统一。

1985 年 8 月，《红旗》杂志发表了署名文章《理想的力量》，从理论和实践的结合上，进一步论述了南极精神的基本内容及发扬南极精神的重大意义。

从上述梳理可以看出，从最初的"理想、纪律、拼搏"到"革命英雄主义精神、集体主义精神、科学求实精神、爱国主义精神"的统一，再到后来的"爱国、求实、创新、拼搏"，南极精神的内涵有一个不断丰富、发展、凝练的过程。

30 多年来，一批又一批南极考察队队员以实际行动践行着南极精神，他们舍小家，顾大局，一走少则半年，多则 500 多天，奋战在冰雪南极。为了祖国南极事业，他们离妻别子，远赴险地；为了和平利用南极，他们横渡汪洋，奔波万里；为了研究极地科学，他们不畏严寒，深入南极内陆……翻过一座座山，越过一片片海，踏过一层层雪，不知疲倦地前进着。① 南极精神就这样代代相传，生生不息，成为中国极地事业不断发展壮大的强大精神动力。回望来时路，一代代极地人革故鼎新，砥砺奋进，传承南极精神，推动我国极地科考事业不断取得新突破。当前，我国正处于由极地科考大国迈入极地科考强国的关键时期。

① 赵建东.35 载远征南极　冰雪拼搏谱写华章：自然资源系统精神文化系列述评之南极精神［N］.中国海洋报，2019－09－24（1）.

时不我待，只争朝夕，我们更应倍加珍惜南极科考这笔弥足珍贵的精神财富，高举南极精神这面宝贵旗帜，在新时代扬帆远航！

附　录

附表 1　中国南极考察队次统计表

队次	党委书记	总指挥/领队	副总指挥/副领队	首席科学家	出发地点	出发时间	完成时间	船名	船长	考察站	越冬站长	队员总人数
首次队	陈德鸿	陈德鸿	赵国臣 董万银	—	上海	1984年11月20日	1985年4月10日	"向阳红10"号 "J121"号	张志挺 于德庆	长城站	颜其德	591
2次队						1985年11月20日	1986年3月29日	☆	—	长城站	李振培	42
3次队	钱志宏	钱志宏	郭琨 马荣典	—	青岛	1986年10月31日	1987年5月17日	"极地"号	顾翔	长城站	钱嵩林	128
4次队						1987年11月1日	1988年3月19日	☆	—	长城站	贾根整	38
5次队	陈德鸿	陈德鸿	—	—	青岛	1988年11月1日	1989年4月10日	"极地"号	魏文良	中山站 长城站	高钦泉 李果	151
6次队	万国铭	万国铭	—	—	青岛	1989年10月30日	1990年4月27日	"极地"号	魏文良	中山站 长城站	董兆乾 张杰尧	141
7次队	张季栋	张季栋	董兆乾	王光宇	青岛	1990年11月16日	1991年4月7日	"极地"号	魏文良	中山站 长城站	贾根整 杨志华	233
8次队	颜其德	颜其德	—	—	上海	1991年11月9日	1992年4月6日	"极地"号	魏文良	中山站 长城站	万国才 龚天祯	151

队次	党委书记	总指挥/领队	副总指挥/副领队	首席科学家	出发地点	出发时间	完成时间	船名	船长	考察站	越冬站长	队员总人数
9次队	董兆乾	董兆乾	—	董兆乾	青岛	1992年10月31日	1993年4月6日	"极地"号	魏文良	中山站 / 长城站	汤妙昌 / 陈承福	144
10次队			—	—		1993年11月25日	1994年3月6日	☆	—	中山站 / 长城站	阎寿先 / 王永奎	38
11次队	陈德鸿	陈德鸿	—	—	上海	1994年10月28日	1995年3月6日	"雪龙"号	沈阿坤	中山站 / 长城站	钱嵩林 / 薛祚纮	129
12次队	王德正	王德正	—	—	上海	1995年11月20日	1996年4月1日	"雪龙"号	沈阿坤	中山站 / 长城站	王耀明 / 薛振和 / 刘书燕	129
13次队	陈立奇	陈立奇	范润卿	—	上海	1996年11月8日	1997年4月20日	"雪龙"号	袁绍宏	中山站 / 长城站	糜文明 / 龚天祯	150
14次队	贾根整	贾根整	叶在淳	—	上海	1997年11月15日	1998年4月4日	"雪龙"号	袁绍宏	中山站 / 长城站	吴依林 / 刘书燕	134
15次队	王德正	王德正	—	—	上海	1998年11月1日	1999年4月1日	"雪龙"号	袁绍宏	中山站 / 长城站	李果 / 孙云龙	138

队次	党委书记	总指挥/领队	副总指挥/副领队	首席科学家	出发地点	出发时间	完成时间	船名	船长	考察站	越冬站站长	队员总人数
16 次队	盛六华	盛六华	王德正	—	上海	1999 年 11 月 1 日	2000 年 4 月 7 日	"雪龙"号	袁绍宏	中山站 / 长城站	刘书燕 / 吴金友	135
17 次队				—		2000 年 12 月 1 日	2001 年 4 月 1 日	☆	—	中山站 / 长城站	王耀明 / 王建国	39
18 次队	魏文良	魏文良	—	—	上海	2001 年 11 月 5 日	2002 年 4 月 2 日	"雪龙"号	袁绍宏	长城站 / 中山站	董利 / 陈永祥	138
19 次队	魏文良	魏文良	—	—	上海	2002 年 11 月 20 日	2003 年 4 月 18 日	"雪龙"号	袁绍宏	中山站 / 长城站	汤妙昌 / 魏明	110
20 次队				—		2003 年 12 月 4 日	2004 年 4 月 10 日	☆	—	中山站 / 长城站	姜德中 / 孙福臣	44
21 次队	张占海	张占海	袁绍宏	张占海	上海	2004 年 10 月 25 日	2005 年 4 月 10 日	"雪龙"号	袁绍宏	中山站 / 长城站	叶加平 / 汤永祥	137
22 次队	魏文良	魏文良	杨惠根	杨惠根	上海	2005 年 11 月 20 日	2006 年 3 月 20 日	"雪龙"号	沈权	中山站 / 长城站	董利 / 陈永祥	145
23 次队						2006 年 10 月 20 日	2007 年 3 月 20 日	☆	—	中山站 / 长城站	部晖 / 王建国	51

续 表

队次	党委书记	总指挥/领队	副总指挥/副领队	首席科学家	出发地点	出发时间	完成时间	船名	船长	考察站	越冬站长	队员总人数
24次队	魏文良	魏文良	秦为稼	—	上海	2007年11月12日	2008年4月15日	"雪龙"号	沈权	中山站 长城站	徐霞兴 孙云龙	183
25次队	杨惠根	杨惠根	秦为稼	杨惠根	上海	2008年10月20日	2009年4月10日	"雪龙"号	王建忠	中山站 长城站 昆仑站	魏明 裴福余 李院生	196
26次队	袁绍宏	袁绍宏	李院生	—	上海	2009年10月11日	2010年4月10日	"雪龙"号	王建忠	中山站 长城站	胡红桥 陈波	250
27次队	刘顺林	刘顺林	夏立民	—	深圳	2010年11月11日	2011年4月1日	"雪龙"号	沈权	中山站 长城站	赵勇 徐挺	193
28次队	刘刻福	李院生	朱建钢	—	天津	2011年11月3日	2012年4月7日	"雪龙"号	沈权	中山站 长城站	韩德胜 汪大立	220
29次队	曲探宙	曲探宙	李院生 孙波	—	广州	2012年11月5日	2013年4月9日	"雪龙"号	王建忠	中山站 长城站	张北辰 俞勇	241
30次队	刘顺林	刘顺林	夏立民 徐挺	刘顺林	上海	2013年11月7日	2014年4月15日	"雪龙"号	王建忠	中山站 长城站	魏福海 曹建军	253

队次	党委书记	总指挥/领队	副总指挥/副领队	首席科学家	出发地点	出发时间	完成时间	船名	船长	考察站	越冬站长	队员总人数
31次队	袁绍宏	袁绍宏	汪海浪	—	上海	2014年10月30日	2015年4月6日	"雪龙"号	赵炎平	中山站 / 长城站	崔鹏惠 / 徐宁	279
32次队	秦为稼	秦为稼	孙波 / 石建左	—	上海	2015年11月7日	2016年4月12日	"雪龙"号	赵炎平	中山站 / 长城站	汤永祥 / 张林	277
33次队	孙波	孙波	王建忠 / 张体军	—	上海	2016年11月2日	2017年4月11日	"雪龙"号	朱兵	中山站 / 长城站	赵勇 / 陈波	256
34次队	杨惠根	杨惠根	张北辰 / 夏立民	杨惠根	上海	2017年11月8日	2018年4月21日	"雪龙"号	朱兵	长城站 / 中山站	孙云龙 / 崔鹏惠	334
35次队	孙波	孙波	魏福海	陈大可 / 康世昌	上海	2018年11月2日	2019年3月12日	"雪龙"号	沈权	长城站 / 中山站	刘雷保 / 胡红桥	351
36次队	徐世杰 夏立民 徐韧（副书记）	徐世杰 夏立民	徐韧 魏福海	潘建明 何剑锋	上海 深圳	2019年10月22日 2019年10月15日	2020年4月23日 2020年4月23日	"雪龙"号 "雪龙2"号	朱兵 赵炎平	长城站 中山站	丁海涛 汪大力	446
37次队	徐世杰	张体军	—	赵军	上海	2020年11月10日	2021年5月7日	"雪龙2"号	赵炎平	长城站 / 中山站	邵晖 / 王硕仁	116

注：1. "—"符号表示未派船。
2. 中国南极考察从6次队起，考察队 "总指挥" 和 "副总指挥" 改称为 "领队" 和 "副领队"。

附表 2　中国北极科学考察队次统计表

队 次	出发时间	完成时间	领 队	首席科学家	船 名	船 长	出发地点
首次队	1999 年 7 月 1 日	1999 年 9 月 9 日	陈立奇	陈立奇	"雪龙"号	袁绍宏	上海
2 次队	2003 年 7 月 15 日	2003 年 9 月 26 日	张占海	张占海	"雪龙"号	袁绍宏	大连
3 次队	2008 年 7 月 11 日	2008 年 9 月 24 日	袁绍宏	张海生	"雪龙"号	王建忠	上海
4 次队	2010 年 7 月 1 日	2010 年 9 月 20 日	吴 军	余兴光	"雪龙"号	沈 权	厦门
5 次队	2012 年 7 月 2 日	2012 年 9 月 27 日	杨惠根	马德毅	"雪龙"号	王建忠	青岛
6 次队	2014 年 7 月 11 日	2014 年 9 月 23 日	曲探宙	潘增弟	"雪龙"号	沈 权	上海
7 次队	2016 年 7 月 11 日	2017 年 9 月 26 日	夏立民	李院生	"雪龙"号	赵炎平	上海
8 次队	2017 年 7 月 20 日	2017 年 10 月 10 日	徐 韧	徐 韧	"雪龙"号	朱 兵	上海
9 次队	2018 年 7 月 20 日	2018 年 9 月 26 日	朱建钢	魏泽勋	"雪龙"号	沈 权	上海
10 次队	2019 年 8 月 10 日	2019 年 9 月 27 日	魏泽勋	魏泽勋	"向阳红 01"号	俞启军	青岛
11 次队	2020 年 7 月 15 日	2020 年 9 月 27 日	张北辰	张北辰	"雪龙 2"号	赵炎平	上海

附表 3　中国北极黄河站考察统计表

时　　间	站　长
2004—2005 年	杨惠根
2005—2006 年	李　果
2006—2007 年	王　勇
2007—2009 年	何宗玉
2010—2012 年	金　波
2013—2014 年	胡红桥
2014—2015 年	董　利
2015—2016 年	李　果
2016—2017 年	韩紫轩
2017—2018 年	黄德宏
2018 年 5—6 月	张　芳
2018 年 7 月—2019 年 4 月	马红梅
2019 年 4—7 月	胡正毅
2019 年 7—10 月	何　昉

主要参考文献

［1］国家海洋局.2005年度中国极地考察报告［Z］.北京：国家海洋局，2005.

［2］国家海洋局.2006年度中国极地考察报告［Z］.北京：国家海洋局，2006.

［3］国家海洋局.2007年度中国极地考察报告［Z］.北京：国家海洋局，2007.

［4］国家海洋局.2008年度中国极地考察报告［Z］.北京：国家海洋局，2008.

［5］国家海洋局.2009年度中国极地考察报告［Z］.北京：国家海洋局，2009.

［6］国家海洋局.2010年度中国极地考察报告［Z］.北京：国家海洋局，2010.

［7］国家海洋局.2011年度中国极地考察报告［Z］.北京：国家海洋局，2011.

［8］国家海洋局.2012年度中国极地考察报告［Z］.北京：国家海洋局，2012.

［9］ 国家海洋局. 2013 年度中国极地考察报告［Z］. 北京：国家海洋局，2013.

［10］ 国家海洋局. 2014 年度中国极地考察报告［Z］. 北京：国家海洋局，2014.

［11］ 国家海洋局. 2015 年度中国极地考察报告［Z］. 北京：国家海洋局，2015.

［12］ 国家海洋局极地考察办公室. 中国极地考察事业大事记［Z］. 北京：国家海洋局极地考察办公室，1999.

［13］ 武衡，钱志宏. 当代中国的南极考察事业［M］. 北京：当代中国出版社，1994.

［14］ 国家海洋局极地考察办公室. 中国南北极考察［M］. 北京：海洋出版社，2000.

［15］ 国家海洋局极地考察办公室. 中国·极地考察三十年［M］. 北京：海洋出版社，2016.

［16］ 中国极地研究中心. 足迹：中国极地研究中心 20 年发展纪事［M］. 北京：海洋出版社，2010.

［17］ 北极问题研究编写组. 北极问题研究［M］. 北京：海洋出版社，2011.

［18］ 赵晓涛. 沧海耕蓝：国家海洋局 50 年回顾［Z］. 北京：中国海洋报社，2014.

［19］ 中国地球物理学会. 辉煌的历程：中国地球物理学会 60 年［M］. 北京：地震出版社，2007.

［20］ 武衡. 科技战线五十年［M］. 北京：科学技术文献出

版社，1992.

［21］曲探宙. 第 29 次南极科学考察队领队日记［M］. 北京：海洋出版社，2013.

［22］丁煌. 极地国家政策研究报告：2012—2013［M］. 北京：科学出版社，2014.

［23］丁煌. 极地国家政策研究报告：2014—2015［M］. 北京：科学出版社，2015.

［24］丁煌. 极地国家政策研究报告：2015—2016［M］. 北京：科学出版社，2016.

［25］大卫·戴. 南极洲：从英雄时代到科学时代［M］. 李占生，译. 北京：商务印书馆，2017.

［26］陈力. 中国南极权益维护的法律保障［M］. 上海：上海人民出版社，2018.

［27］郭培清. 北极航道的国际问题研究［M］. 北京：海洋出版社，2009.

［28］郭培清，石伟华. 南极政治问题的多角度探讨［M］. 北京：海洋出版社，2012.

［29］华薇娜，张侠. 南极条约协商国南极活动能力调研统计报告［M］. 北京：海洋出版社，2012.

雪龙探极

新中国极地事业发展史